面向生态管理和
不确定性的水资源评价

李宗敏　赵四维◎著

科 学 出 版 社

北 京

内 容 简 介

在水资源演化机理日趋复杂的背景下，决策环境的不确定性显著增强，加之对水资源的控制越来越严格，水资源评价方法需要不断发展来适应变化的环境。本书以生态管理思想为指导，以多类型不确定信息的处理为切入点，针对水资源复杂巨系统评价中的一些关键问题，包括区域水资源协调、多目标水资源调配、水资源开发项目可持续性风险、水资源突发事件生态系统可恢复性评价和水资源开发项目场地布置动态多目标评价，探索多类型不确定信息的处理方法、新的赋权方法和信息集结方法，为水资源评价提供方法学支撑，为缓解水资源生态危机提供有益参考和思路。

本书适合水资源管理专业人员，以及高等院校从事多属性决策、不确定决策和水资源评价的研究者参考阅读。

图书在版编目（CIP）数据

面向生态管理和不确定性的水资源评价 / 李宗敏，赵四维著. —北京：科学出版社，2023.1

ISBN 978-7-03-071584-5

Ⅰ. ①面⋯　Ⅱ. ①李⋯　②赵⋯　Ⅲ. ①水资源－资源评价
Ⅳ. ①TV211.1

中国版本图书馆 CIP 数据核字（2022）第 030702 号

责任编辑：魏如萍 / 责任校对：樊雅琼
责任印制：张　伟 / 封面设计：有道设计

科学出版社 出版
北京东黄城根北街 16 号
邮政编码：100717
http://www.sciencep.com

北京建宏印刷有限公司 印刷
科学出版社发行　各地新华书店经销

＊

2023 年 1 月第　一　版　开本：720×1000　1/16
2023 年 1 月第一次印刷　印张：11 1/4
字数：230000

定价：116.00 元
（如有印装质量问题，我社负责调换）

前　　言

　　水资源短缺、时空变异和易受破坏等特性使得水资源问题在世界范围蔓延且日益激化。水资源评价作为水资源合理开发利用的前提和依据，是长期以来研究的重点与难点。随着人类活动影响的日益增大，水资源评价方法需要不断发展来适应变化的环境。本书以生态管理思想为指导，深入研究变化环境下水资源评价系统，力求实现评价主体从单主体评价到多主体评价的转变、参考系统中的评价指标值从静态到动态的转化、评价目标从单目标到多目标的改进、评价技术从确定或简单模糊评价到多重不确定评价的优化。针对水资源环境—经济—社会复合生态系统评价中的一些关键问题，包括区域水资源协调、多目标水资源调配、水资源开发项目可持续性风险、水资源突发事件生态系统可恢复性评价和水资源开发项目场地布置动态多目标评价，开展理论与应用研究。

　　本书将多属性决策方法、群决策理论、不确定理论、多目标理论、水文统计方法等综合运用到特定的水资源评价问题研究中。第 1 章为绪论，介绍了水资源概况、水资源管理和生态管理的基本现状；第 2 章为水资源评价现状，介绍了水资源评价、不确定理论在评价中的应用等研究现状，通过文献综述对国内外的相关研究进行了总体评述，在此基础上提出了本书框架；第 3 章为理论基础，简单介绍本书涉及的多属性决策方法、群决策理论、不确定理论、多目标理论及水文统计方法等。

　　第 4 章到第 8 章分别从以下五个方面对包含不确定性的水资源评价问题及应用展开研究。

　　（1）在区域水资源协调评价问题中，引入水足迹理论和犹豫模糊理论。通过引入虚拟水的概念，进一步丰富水资源协调的内涵，同时考虑可见水和虚拟水，从公平、生态、效率的角度建立合理的评价指标体系。犹豫模糊理论的应用提高了决策群体对指标重要性进行评价时的语义灵活性。通过最小化决策群体的分歧度和评价模糊度模型，确定决策者的权重，进而求出不同指标的权重，应用逼近理想解排序（technique for order preference by similarity to ideal solution，TOPSIS）

方法集结出最终的评价结果。将提出的方法应用于评价某区域的水资源协调程度，并提出提高该区域水资源协调程度的决策建议。

（2）在基于优先级的多目标水资源调配评价问题中，本书提出了一种基于优先级的带模糊随机变量（fuzzy random variable，FRV）的多目标规划（multi-objective programming，MOP）模型，以解决一个水资源调配和分配（water resources diversion and allocation，WRDA）问题。为了确定多个目标的优先级，设计了一种由压力—状态—响应（pressure-state-response，PSR）多属性评价体系组成的优先级确定方法和基于 TOPSIS 的排序偏好评估方法，然后将 MOP 模型转化为基于可解的目标规划（goal programming，GP）模型。由于引入了模糊随机变量，并考虑到社会、经济、环境和生态目标的优先级，所得结果更符合实际情况，能达到因地制宜的目的，因此比传统的加权法、Pareto 多目标 WRDA 方法更适用。以某区域水资源调配问题为例，验证了该方法在科学制订 WRDA 方案中的实用性和合理性。

（3）在水资源开发项目可持续性风险评价问题中，将水资源开发项目的可持续性风险复杂开放系统分为三个子系统：自然环境子系统、生态环境子系统和社会经济子系统，明确每个子系统中的风险因素及其定量维度，并充分考虑一些定量维度的混合不确定性。通过计算每个风险相关因素中的可持续性风险相关程度，建立可持续性风险评价模型。根据计算结果，确定关键的可持续性风险相关因素，并据此提出降低水资源开发项目可持续性风险的决策建议。以正在建设中的某水电站为例，论证了风险评价模型的可行性，为大型水资源开发项目的可持续性风险评价提供参考。

（4）在水资源突发事件生态系统可恢复性评价问题中，本书提出一个城市洪水灾害可恢复性评价体系，可为城市决策者提供指导；构建涵盖洪涝前的抗洪能力、洪涝期间的应对和恢复能力、洪涝后的适应能力的灾害全周期的综合城市洪水灾害可恢复性评价体系，该评价体系包含专家的模糊判断和随机数据的混合不确定信息。为确定决策者的权重，本书提出专家权重的最大共识模型。在此基础上，将传统的多准则妥协解排序（vlsekriterijumska optimizacija I kompromisno resenje，VIKOR）方法扩展为对所有清晰、随机、犹豫模糊信息进行聚合，使该方法更能适应混合不确定环境。将该方法应用于我国东南沿海的五个城市，本书提出了提高城市洪水灾害可恢复性的管理建议，对结果进行灵敏性分析和对比分析。

（5）针对水资源开发项目场地布置问题，本书提出一个多目标动态评价模型，在建模的过程中应用了模糊随机变量，从而更好地描述问题中存在的双重不确定现象。为了处理模型中的模糊随机性，本书采用机会约束算子。为了求解这个模型，本书提出一个序数表达、带混合更新机制的多目标粒子群算法，其后，将模型和算法应用到某水电站建设项目中的动态设施布局实际案例中，来验证模型和算法的有效性和实用性。

第9章为全书总结，并展望未来研究方向。

本书从生态管理的独特视角建立多元动态的水资源评价指标体系，发展有效的水资源评价模型工具，虽然只将其应用在区域水资源协调、多目标水资源调配、水资源开发项目可持续性风险、水资源突发事件生态系统可恢复性评价和水资源开发项目场地布置动态多目标评价等几个关键问题中，但是对其他水资源多属性、多目标等评价问题也有方法学参考价值。本书所涉及的新的赋权方法、信息集结方法、混合不确定信息处理方法也可应用于其他多属性评价和不确定决策问题中。

作者在撰写本书的过程中得到了许多专家和学者的帮助和指导，使本书的研究工作能够顺利开展和完成，特此表示衷心感谢！本书涉及的研究工作获得了国家自然科学基金项目（71601134，71771157，7217040976，72174134）、中国博士后基金项目（2017M612983）的资助。

鉴于作者水平有限，编写时间仓促，书中的一些观点和叙述可能存在不足和疏漏之处，恳请广大读者批评指正。

李宗敏　赵四维

2022年10月

目　　录

第1章 绪 论

1.1 水资源概况

1.1.1 水资源含义

水资源是稀缺资源之一，是人类及一切生物赖以生存的不可缺少的重要物质，也是工农业生产、经济发展和环境改善不可替代的极为宝贵的自然资源，同土地、能源等构成人类经济与社会发展的基本条件[1,2]。水资源系统是在一定区域内由可为人类利用的各种形态的水所构成的统一体。各类水源之间相互联系，并且可以在一定的条件下相互转化。在自然因素与人类活动的影响下，自然界各种形态的水处于不断运动与相互转换之中。水资源系统内的主要水源为大气水、地表水、土壤水和地下水，以及经处理后的污水和从系统外调入的水。

随着时代的进步，水资源的概念与内涵也在不断丰富和发展。美国地质勘探局（United States Geological Survey，USGS）较早地采用了水资源的概念，并于 1894 年成立了水资源处，主要负责观测地表河川径流和地下水。此后，由于对水资源研究的深入，研究者需要对水资源的内涵做出明确的界定。《大不列颠百科全书》将水资源解释为"全部自然界任何形态的水，包括气态水、液态水和固态水的总量"，这一解释赋予了水资源十分广泛的含义。1963 年英国的《水资源法》把水资源定义为："（地球上）具有足够数量的可用水。"在不考虑水环境污染的条件下，《水资源法》对水资源的定义比《大不列颠百科全书》的定义更明确，突出了水资源应能满足人类生产生活所需量的要求。在联合国教育、科学及文化组织（United Nations Educational，Scientific and Cultural Organization，UNESCO）（以下简称联合国教科文组织）和世界气象组织（World Meteorological Organization，WMO）共同制定的《水资源评价活动：国家能力评估手册》中，定义水资源为："可以利用或有可能被利用的水源，具有足够数量和可用的质量，并能在某一地点为满足某种用途而可被利用。"这一定义比《水资源法》对水资源的定义更加明确，既强调了水资源的数量，又强调了水资源的质量，同时具备数量与质量（即可利用性）才能称为水资源。1988 年 7 月 1 日起施行的《中华人民共和国水法》将水资源认定为"地表水和地下水"。《环境科学词典》在 1994 年定义水资源为"特定时空下可利用的水，是可再利用资源，不论其质与量，水的可利用性是有限制条件的"。《中国大百科全书》在不同的卷册中对水资源也给予了不同的解释。例如，在大气科学、海洋科学、水文科学卷中，水资源被定义为"地球表层可供人类利用的水，包括水量（水质）、水域和水能资源，一般指每年可更新的水量资源"；在水利卷中，水资源被定义为"自然界各种形态（气态、固态或液态）的天然水，并将可供人类利用的水资源作为供评价的水资源"。

水资源是一个看似简单实则复杂的概念，人们对水资源的概念与内涵有不尽相同的认知。水资源包含的种类繁多，并且处于动态变化的过程中，各种类型的水体之间可以相互转化；水资源支持的用途繁多，不同的用途对水资源的质量与数量的要求也不同；水资源的水质与水量在一定的条件下是可以改变的；此外，水资源的开发与利用还与地区的经济技术、社会条件、环境条件等因素有关。

综上所述，水资源可以被理解为是人类长期生存、生活和生产活动中所需要的各种水，既包括数量和质量含义，又包括其使用价值和经济价值。一般认为，水资源的概念具有广义和狭义之分。

狭义上的水资源是指一种可以再生的（逐年可得到恢复和更新），参与自然界水文循环的，在一定的经济技术条件下能够供人类连续使用（不断更新又不断供给使用），总是变化着的淡水资源。

广义上的水资源是指在一定的经济技术条件下能够直接或间接使用的各种水和水中物质，在社会生活和生产中具有使用价值与经济价值的水都可被称为水资源。广义上的水资源强调了水资源的经济、社会和技术属性，突出了社会、经济和技术发展水平对于水资源开发利用的制约与促进。Allan[3]于 1993 年在伦敦大学亚非学院研讨会上提出了虚拟水（virtual water）的概念，用于指代在生产产品和服务中需要的水量，又称嵌入水和外生水，相较于通常看得见的水，虚拟水是看不见的水。2000 年以后虚拟水已拓展出了虚拟水贸易和战略方面的研究领域。虚拟水概念与水足迹（water footprint）概念紧密相关。Aldaya 等在 2002 年基于虚拟水提出了水足迹这一概念，用以描述一个国家、一个地区或一个人在一定时间内消费的所有产品和服务所需要的水资源数量，其可以用于计算消费者消耗的水资源数量和产生的污水量。根据不同的类型，水足迹又可分为蓝水足迹（蓝水足迹是指产品在其供应链中对蓝水，即地表水和地下水资源的消耗，消耗是指流域内可利用的地表水和地下水的损失）、绿水足迹（绿水足迹是指对绿水即不会成为径流的雨水资源的消耗）、灰水足迹（灰水足迹是与污染有关的指标，定义为以自然本底浓度和现有的环境水质标准为基准，将一定的污染物负荷吸收同化所需的淡水的体积）[4]。Hoekstra 和 Hung 首次发布了《水足迹评价手册》，其后水足迹相关研究和应用引起了世界范围内的关注[5]。

可见，随着经济技术水平的不断发展，水资源的范畴也进一步扩大，工业污水和生活污水也构成水资源的重要组成部分，可以通过对污水进行处理，使之实现循环再利用，用以弥补水资源的短缺，从根本上解决长期困扰国民经济发展的水资源短缺问题。此外，除水资源的实用价值外，人们还强调水资源的经济价值，利用市场理论与经济杠杆调配水资源的开发与利用，实现经济、社会与环境效益的统一。

本书所探讨的水资源范围比较宽泛，不仅涉及淡水资源，在某些问题中，还涉及广义的水资源。

1.1.2 全球水资源状况

水是生命之源，它覆盖了地球表面约 3/4 的面积，地球上的水总体积约有 13.86 亿 km^3，然而，在水资源中只有 2.5%是淡水，有 3500 万 km^3，淡水中 98.8%是冰和地下水，只有不到 0.3%的淡水在河流、湖泊和大气中。若除去无法取用的冰川和高山顶上的冰冠，以及分布在盐碱湖和内海的水量，陆地上淡水湖和河流的水量不到地球总水量的 1%[6]。

大气中的水通过雨、雪的形式降落到地面，但 2/3 左右的水为植物蒸腾和地面蒸发所消耗，可用于人类生活、生产活动的淡水资源每人每年约为 1 万 m^3。虽然水是一种地球上最丰富的化合物，但是淡水资源极其有限。在全部水资源中，97.5%是咸水，无法饮用。在余下的 2.5%的淡水中，有 87%是人类难以利用的两极冰盖、高山冰川和永冻地带的冰雪。人类真正能够利用的是江河湖泊及地下水中的一部分，仅占地球总水量的 0.25%左右，而且分布不均。约 65%的水资源集中在不到 10 个国家，而约占世界人口总数 40%的 80 个国家和地区却严重缺水。世界各国和地区拥有水资源的数量差别很大，最主要的原因是地理环境不同[6]。

随着经济的不断发展，人们对淡水的需求不断增加，工业化和城市化的迅速发展给人类社会带来了巨大的用水压力，淡水资源短缺将成为世界各国普遍面临的严峻问题。根据 2019 年 3 月 19 日联合国水机制（UN-Water）发布的《2019 年世界水资源发展报告》，到 2050 年将有超过 20 亿人生活在水资源严重短缺的国家，约 40 亿人每年至少有 1 个月的时间遭受严重缺水的困扰，且将会有 22 个国家面临严重的水压力风险。随着需水量不断增长以及气候变化影响愈加显著，水资源面临的压力还将持续升高，将会影响水资源的可持续利用，并增加使用者之间的潜在风险冲突[7]。

1.1.3 中国水资源状况

据统计，我国多年平均降水量约 6190 km^3，折合降水深度为 648 mm，与全球陆地降水深度 800mm 相比低约 20%。2018 年，我国水资源总量 27 462.5 亿 m^3，与多年平均值基本持平。其中，地表水资源量 26 323.2 亿 m^3，地下水资源量 8246.5 亿 m^3，地下水与地表水资源不重复量为 1139.3 亿 m^{3}①，仅次于巴西、俄罗斯、加拿大、美国、印度尼西亚，但人均占有水资源量不足世界人均占有量的 1/4，相当于美国的 1/6，俄罗斯和巴西的 1/12，加拿大的 1/50，排在世界的第 121 位。从表面看，我国淡水资源相对比较丰富，属于丰水国家。但我国人口基数和耕地面积基数大，人均和亩②均量相对较小，已经被联合国列为 13 个贫水国家之一，按照联合国环境署的标准，我国属于状况最为严峻的水资源脆弱国家[8]。

我国水资源的突出问题可以概括为以下四点：一是供需矛盾非常尖锐。预计到 2030 年，中国人口接近 16×10^8 的高峰时，预计的用水量已接近合理利用水量的上限[9]。二是我国水资源分布不均匀，不仅时空分布不均，且水资源的分布与人口、耕地的分布不相适应[8,9]。从全国的层面来看，多半地区的降水量低于全国的年平均降水水平，仅为世界年平均降水量的 4/5，其中有 40% 的国土降水量在 400 mm 以下。从客观的角度来看，南北方的水资源分配也存在差异。南方水资源多，水资源占全国总量的 54.7%，但耕地少，耕地面积占全国的 35.9%；北方则是人多地多，水资源量却不到全国的 1/5。考虑到水资源在地理分布上的特点，通过跨流域调水工程实施南水北调是具有资源条件的，即可以通过调水的方法使水资源在地区间得到重新分配。另外，我国水资源在时间上具有鲜明的年际变化和年内变化特点，历史上连丰年与连枯年的出现，以及全国夏季降水多集中在 6～9 月，降水量占全年的 60%～80% 之多，一年内水资源主要补给期也是在夏季，因此需要人们兴建水利工程，以拦蓄和调节水资源。例如，兴建地面或地下水库，实行水资源地上与地下联合调蓄，解决水资源在时间上的重新分配问题[6]。三是洪涝干旱灾害等水问题突出。水问题发生的特点逐步从局部性、自然性、偶然性事件向大范围、高强度、持续性的水资源灾害和危机方向发展，洪涝干旱等极值过程发生频率增大[9]。四是多地水资源过度开发，污染严重，引发了一系列生态

---

① 2018 年中国水资源总量及其分布、水污染现状及治理对策分析. https://www.h2o-china.com/news/294314.html [2019-07-26].

② 1 亩≈666.67m^2。

与环境问题。我国水资源本身的水质很好，但由于经济发展速度过快，人们对水资源保护的重视力度不够，人为污染导致水质下降，水资源保护问题十分紧迫。我国河流的天然水质很好，但矿化度大于 1g/L 的河水分布面积仅为全国面积的13.4%[6]，且这些河流主要分布在我国西北人口密集程度低的地区。随着人口不断增长和工业的迅速发展，废水、污水的排放量增长也很快，由于最初对环境保护问题的忽视，水体受到了较严重的污染，尤其是人口密集、工业发达的城市，其河流污染程度更高。由于过度开采地下水及对水质的保护不足，一些城市的地下水也受到了污染，北方城市较为严重。因此，治理污染源，保护重点供水系统的水源，提高水质监测水平，已成为当前迫切的任务。我国涵养水源的森林覆盖率低，水土流失严重，河流水库的泥沙问题也比较突出。因此在水资源评价与管理中，考虑可持续发展、生态环境保护是长久的主题。

1.2　水资源管理

管理包含为了实现某种目的而进行的决策、计划、组织、指导、实施及控制的过程。水资源管理包括以下含义[6]。

（1）法律：立法、司法、水事纠纷的调解处理等。

（2）行政：机构组织、人事、教育、宣传等。

（3）经济：筹资、收费等。

（4）技术：在勘测、规划、建设、调度运行等方面构成一个由水资源开发（建设）、供水、利用、保护组成的水资源管理系统。

水资源管理系统的特点是通过开发供水系统，将自然界中有限的水资源与社会、经济、环境需水要求紧密联系起来，从而构建出一个复杂的动态系统。随着经济的发展，人类生活、生产活动对水资源的依赖性更强，对水资源管理的要求也逐渐提高。各个国家不同时期的水资源管理与其社会制度、经济发展水平等密切相关，同时与其水资源开发利用技术相关；同时，世界各国由于政治、社会、宗教、自然地理条件和文化素质水平、生产水平及历史习惯等原因，其水资源管理的目标、内容和形式也不一致。但是，水资源管理目标的确定都需要与当地国民经济发展目标和生态环境控制目标相适应，不仅要考虑自然资源条件及生态环境改善，还应充分考虑经济承受能力。

水资源管理应同时满足多个目标，既要提高水资源的开发利用效率，保护水资源的合理开发利用，又要满足经济社会发展需要的水资源供给量，在满足其对水量和水质的要求的同时，使水资源发挥最大的社会、环境和经济效益。

1.2.1　水资源管理的原则

党和国家领导人历来非常重视治水问题。党的十八大以来，习近平总书记就国情水情、水利地位作用、水安全形势、水生态环境保护等工作发表了一系列重要论述，提出了"节水优先、空间均衡、系统治理、两手发力"的十六字治水方针①。十六字治水方针的总目标是保障国家水安全，其具体内涵包括以下几个方面[10]。

（1）节水优先。节水优先的核心是推动用水方式由粗放向集约、由浪费向节约方面的转变。

（2）空间均衡。空间均衡的内涵是以水定需，即各地方根据自身的水资源承载能力来确定社会经济发展的规模，包括以水定城、以水定地、以水定人、以水定产。

（3）系统治理。系统治理是要求对生态系统中以水为纽带的山水林田湖草各要素协同治理。

（4）两手发力。两手发力是要求政府与市场各自发挥其优势，各尽其责。

运用系统论观点，可以认为十六字治水方针是一个有机的整体，它们相互联系、相辅相成，可将其内在逻辑关系概括为：节水优先是前提，倡导大家养成节约用水的习惯；空间均衡和系统治理是方法，分别针对的是经济社会发展和生态文明建设；两手发力是手段，是实现前三者的根本保证。节水优先和空间均衡反映了人与水（自然）的关系，系统治理反映了以水为纽带的生态各要素间的关系，两手发力反映了以水为联系的人与人之间的关系[10]。

十六字治水方针赋予了新时期治水的新内涵、新要求、新任务，为今后强化水资源管理、保障水安全指明了方向，是做好水利工作的科学指南。

具体来说水资源管理要遵循以下基本原则[6]。

（1）实施水资源管理，首先应明确水资源的所有权是属于国家，即全民的。由于国家是一个抽象概念，实际由代表国家利益的中央政府行使对水资源的所有权，对国家拥有的水资源进行分配。水资源的分配，即使用权的管理职能则由国务院水行政主管部门承担。

（2）科学合理地开发利用水资源、防治水害。在水资源开发利用和水害防治的过程中，要统筹规划、全面兼顾、综合利用、追求效益，充分发挥水资源的多种功能。国家鼓励和支持水资源的合理开发利用与水害防治。

（3）国家实行水资源统一管理和分级管理相结合的管理制度。特别是在水资源管理方面，必须统一，即由国务院水行政主管部门及其授权的省（区）水行政主

---

① 受权发布：《习近平关于社会主义生态文明建设论述摘编》（三）按照系统工程的思路，全方位、全地域、全过程开展生态环境保护建设. http://theory.people.com.cn/n1/2018/0226/c417224-29834556.html[2018-02-26].

管部门、流域管理机构共同实施水资源所有权管理。水资源开发利用的管理可以由不同的部门进行，但水资源的开发利用必须首先取得用水行政主管部门的许可。

（4）国家对直接从地下、河流、湖泊取水的人员实行取水许可制度。国家保护依法开发利用水资源的单位和个人的合法权益。取水许可制度是我国现阶段水资源使用权管理制度，仍需要不断地进行完善。

（5）实行水资源有偿使用制度。依法取得水资源使用权的单位和个人，必须根据用水量向国家缴纳一定的费用。

（6）调蓄径流和调配用水要兼顾不同地区、不同部门的合理用水需求，优先保障城乡居民和生态的基本用水需求，兼顾工农业生产用水。

1.2.2　水资源管理的内容

根据水资源管理的概念，水资源管理的内容包括法律管理、行政管理、经济管理和技术管理等方面，分别简述如下[6]。

1. 法律管理

法律管理，是指国家或者地方政府为合理开发、利用、监督和保护水资源，防止用水环境恶化而制定的水资源管理法规。水资源管理的政策、措施和方法，应当以法律的形式加以规定，规范社会的一切与水有关的活动，保证社会一致遵守，从而实现依法管水、用水、治水。

2. 行政管理

为确保水资源管理法规和经济技术措施的落实，统一设置国家或地方政府（区域或流域）水资源行政与专业管理机构，负责全国或地区范围内的水资源开发利用和水污染防治工作，从而确定整体的管理目标。因此，水资源的行政管理即以法律为标准和依据，依靠行政手段和水资源政策来统筹安排水事活动。

3. 经济管理

水资源管理的目的是落实资源有偿使用、合理补偿的指导思想，在整个经济运行结构中，利用经济杠杆对国民经济各部门进行调控，合理开发和充分利用水资源，防止水资源浪费和破坏，监督和保护水环境生态，促进资源环境经济协调稳定发展。具体措施是把水资源当作商品，有偿使用，有偿排污。通过对水资源价格的调整，可以有效抑制过度用水，在新的供需关系基础上实现水资源的动态平衡。同时，利用经济手段获取充足资金，实现以水养水，促进水资源进一步开发，开展水环境治理与保护。

4. 技术管理

除了运用法律、行政和经济手段对水资源的开发利用进行管理外，水资源在形成过程中需要复杂的自然条件，再考虑到人类活动对自然环境的影响、水资源本身具备的独特的时间和地域分布的特征等，人类无论是开发利用水资源，还是解决水资源开发利用过程中出现的水环境问题，都是通过一定的工程措施来实现的。因此，技术管理包括以下几个方面[6]。

（1）各类水资源开发利用项目的规划、设计、建设、运营全过程必须科学合理，确保水资源合理开发，避免由项目建设、运营等造成水环境问题。

（2）在水工程运行过程中，及时调整供水关系，合理调配各类水资源，鼓励供用水部门落实计划用水、节约用水。

（3）解决如何及时补偿水资源、保护水质、有效防治各种污染的问题。从这个意义上说，技术管理包括两个方面：工程管理和水资源管理。

1.2.3　水资源管理的层次和制度

人类对水资源的开发与利用一般要经过以下过程：水资源的评价和分配—开发—供水—利用—保护等步骤。因此，水资源管理可分为三个层次：第一层次是从宏观角度对水资源进行管理；第二层次是从中观角度对水资源的开发和供水进行管理；第三层次是从微观角度对用水进行管理。这三个层次构成一个由资源—开发（建设）—供水—利用—保护组成的综合的水资源管理系统[6]。

1. 水的资源管理

水的资源管理属于高层次的宏观管理，包括水权属管理和水资源开发利用的监督管理，这是各级政府和水资源主管部门的重要职责。根据《中华人民共和国水法》，水资源属于国家所有。因此，这里所说的水资源所有权管理，具体指的是对水资源的使用权的管理。

水资源的权属管理，是指水资源主管部门依照法律、法规和政府的授权，对已发现、确认的水资源进行登记，并且根据国民经济的发展、生态用水的需求进行规划、分配和再分配，同时监测水资源再生过程中的增减情况等。权属管理的主要工作内容包括：水资源综合科学调查与评价；制订水资源综合利用规划和中长期水资源供需规划；审核和划拨水资源使用权，实施取水许可制度；制定合理利用和保护水资源的法规与政策。

水资源开发利用监督管理是各部门通过监测、调查、评价等手段对水资源的开发利用进行监督和控制，防止水资源的污染、浪费和不合理利用；监测水资源在开发利用过程中的增减情况；跟踪检测原有水资源规划配置是否科学合理，以便进行修正和调整。

实践证明，宏观管理必须高度集中、统一管理、政策相对稳定，避免多管、分权、多变的政策。

水资源属于国家所有，但国家是一个抽象概念，通常由代表国家利益的中央政府（即国务院）行使。使用权管理，即水资源所有权的管理，由国务院水行政主管部门负责。1998 年 3 月，水资源所有权管理统一归国务院水行政主管部门即水利部管理，确保系统内水资源所有权管理的统一。需要指出的是，无论是跨区域水资源还是行政区域内的水资源，其所有权都应由中央政府行使，地方政府不得随意转让国有水资源，并且有责任保护水资源不受侵犯和损害。

根据《中华人民共和国水法》第十二条，"国务院水行政主管部门负责全国水资源的统一管理和监督工作。国务院水行政主管部门在国家确定的重要江河、湖泊设立的流域管理机构（以下简称流域管理机构），在所管辖的范围内行使法律、行政法规规定的和国务院水行政主管部门授予的水资源管理和监督职责"。关于水资源评价，《中华人民共和国水法》第十六条规定："制定规划，必须进行水资源综合科学考察和调查评价。水资源综合科学考察和调查评价，由县级以上人民政府水行政主管部门会同同级有关部门组织进行。县级以上人民政府应当加强水文、水资源信息系统建设。县级以上人民政府水行政主管部门和流域管理机构应当加强对水资源的动态监测。基本水文资料应当按照国家有关规定予以公开。"

2. 开发和供水管理

水资源的开发和供水管理属于第二层次的管理，介于宏观管理与微观管理之间。水资源的开发和供水管理是指在有关部门取得水利主管部门授予的水资源使用权后，组织水资源开发项目，在项目建成后对用水户实施配水等活动。从取得水资源使用权到向用水户供水，此期间的管理活动属于第二层次的管理。根据管理对象的不同，水资源的开发和供水管理可分为供水工程建设管理、供水工程运营管理、供水源及水量管理三个部分；根据供水对象不同，可分为农业供水管理和城市供水管理。由于水资源具有多功能性，水利、航运、渔业等不同部门可根据自身需要发展。因此，这一层次的管理也可以称为水资源开发、加工、利用的产业化管理。

供水管理的任务很多，其中供水工程的审批、供水方案的审批、供水工程按基础设施程序建设的监理、供水保护区的划定、制定供水管理法规和政策等，都属于水行政主管部门的行政行为。但是，供水设施的维护、计划供水、提供良好的供水服务等，则是供水部门的业务活动。供水部门的供水行为应接受水行政主管部门的监督管理。

水资源的开发和供应对国民经济的发展有着至关重要的作用，是水资源与经济社会的纽带，起着承上启下的作用。因此，必须加强这一层次的管理，做好组织、协调和服务。

由于水资源开发的流动性、通用性和多目标性，水资源开发和工程建设往往是由一个或多个行业或部门来协调的。供水设施是国民经济发展的基础设施。总体来看，我国的供水设施不能满足国民经济发展的需要，应根据国民经济建设的需要适当发展。但水资源开发和工程建设必须在流域或区域规划指导下进行，服从防洪统筹，使兴修水利与规避危害相结合。同时，水资源开发利用项目的建设，需要先向水行政主管部门申请取得水资源使用权后，方可开工建设。

随着经济建设的发展，供水系统变得越来越复杂。通常，单个供水系统可以由不同的供水源、多个取水口、净水工程和庞大的输水渠道或管网组成，尤其是在多个供水系统中，在共享水源的情况下，将会形成更大的供水系统。因此，供水的组织协调是这一层次管理中最重要的管理任务。供水管理机构要自上而下建立，科学调度，规划供水，合理调配水，制定专门的供水管理和项目管理办法。供水的组织协调不仅存在于不同供水部门之间，也存在于单一供水系统内。

3. 用水管理

用水管理属于微观管理，是指地区、部门、单位和个人为合理、高效地利用水资源而进行的管理活动。其主要方法包括使用长期供水和需求计划、配水、取水许可制度和计收水费等，实行计划用水和节约用水。用水管理的最终目标是实现水资源的合理利用，以水资源的可持续利用来保障国民经济的可持续发展。用水管理一共包含两个层次：一是水行政主管部门和行业部门的用水管理，其负责内容包括调查用水户和检测指标，制定合理的用水定额，批准和发布用水计划，制订供水计划，进行用水量统计，确定污染物排放指标。二是按照主管部门或供水部门发布的用水指标，组织实施特定用水户（某企业、矿山）的用水管理，对基层单位进行考核，这一层次的管理工作要从实际出发，采取灵活多样的方法，避免一刀切。

用水管理是基于这样一个事实，即相对于人类社会的进步和发展，水资源是一种不可替代但稀缺的自然资源。从资源开发的角度来看，供水规模取决于用水量及未来的需水量；从水资源管理的角度来看，用水管理的水平将对供水管理和水资源管理产生重大影响；从水资源供需关系出发，人类对水资源的开发利用经历了供过于求—供需基本平衡—供需失衡等阶段。因此，随着国民经济的发展和用水量的增加，加强水资源管理变得越来越重要。

2012 年 1 月《国务院关于实行最严格水资源管理制度的意见》正式发布，最严格水资源管理的核心内涵是"总量控制+定额管理"，科学、合理地实施最严格水资源管理的关键在于制定合理的用水定额[11]。

用水定额是指单位时间内，单位产品、单位面积或人均生活所需要的用水量，是人为规定的一种考核指标或衡量尺度（见《中国资源科学百科全书》）。现阶段，用水定额的确定通常采用统计分析、类比、专家咨询等方法，且以相对独立的行业部门为主，以生活/工业/农业用水定额来区分，存在着部门间用水量交叉、用水环节不能完全覆盖等问题。事实上，按照生态管理的观点，用水定额处于经济子系统、社会子系统、环境子系统的中间环节，需要统筹考虑三大系统的相互作用和影响，在分行业、分用户用水定额的基础上，综合水资源复杂巨系统，立足于水循环过程，选择合理的综合用水定额，从而建立最严格水资源管理情景下的科学表征指标，以综合用水定额为核心的水资源复杂巨系统的生态系统耦合关系，见图 1.1。

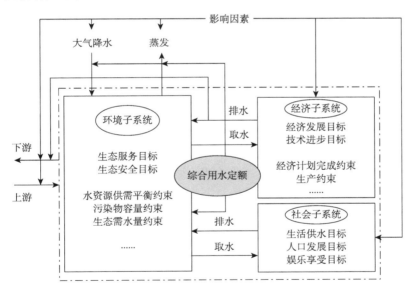

图 1.1　以综合用水定额为核心的水资源复杂巨系统的生态系统耦合关系

用水管理的核心是计划用水和节约用水，《中华人民共和国水法》第八条规定："国家厉行节约用水，大力推行节约用水措施，推广节约用水新技术、新工艺，发展节水型工业、农业和服务业，建立节水型社会。"用水管理的基本制度即计划用水，是指根据年度用水预测、可用水量和需水量，制订年度用水计划，并且在中长期用水供需计划和配水计划的宏观调控下，组织实施和监督。事实上，计划用水和计划供水是紧密相连的。在缺水地区，供水计划的制订需要考虑用水者的实际用水需求，还应该以年度水资源预测和供需原则为依据。在流域计划用水管理中，其主要任务是审批用水计划并实施监督管理。

节约用水就是使用水户合理、高效用水。如前所述，我国是一个水资源贫乏的国家，虽然水资源总量多，但人均水量约只占世界平均水平的 1/4；同时，水资源的时空分布极不均匀，且与人口、耕地、矿产资源的分布不匹配，水资源短缺已成为制约我国经济发展的主要因素。另外，用水浪费、效益低下，又大大加剧了全国性的供需矛盾。据调查，我国渠灌区水的利用系数仅为 0.4~0.5，农田灌溉水量超过作物需水量的 1/3 甚至 1 倍。绝大多数地区工业单位产品耗水量高于发达国家数倍甚至十余倍；水的重复利用率较低，多数城市的水的重复利用率为 30%~50%，而美国、日本等发达国家在 20 世纪 80 年代水的重复利用率就已达 75%以上[6]。我国城市生活人均用水量还较低，且存在用水浪费的问题。基于对国情的正确认识，我国将节约用水作为国家的基本国策。节水管理包括编制节水规划，制订年度节水计划、行业用水定额和相应的管理办法，推广先进的节水技术和节水措施，利用水费和征收水资源费等经济手段促进节约用水等。

需水管理不是为需水量寻求一些适当的供给，而是着眼于现有的供水量，通过各种手段将需水量控制在合理可接受的水平，在用水效率和供水量之间寻求适当的平衡。需水管理的主要内容是分析现有需水的合理性，通过用水调查，了解现有供水水源类型、供水设施和需水量、实际用水量，分析其节水潜力，提出切实可行的节约方案，制定行业用水标准，通过行政手段强制执行，计收水费和水资源费，采取经济措施促进节水，编制和审批用水计划，按计划实施配水和用水。总之，需水管理就是利用一切手段控制需水规模，抑制需水增长速度，实现水资源的可持续利用。需水管理的一个重要原则是以供给决定需求，即根据当地水资源状况和现有供水能力，将需水量控制在合理水平。

1.3　生　态　管　理

1.3.1　生态管理理论

全球性的生态问题，如酸雨、温室效应、水土流失、荒漠化、淡水资源短缺、森林锐减、草原退化和生物多样性减少等生态危机，不仅把人类生态系统管理问题提上了紧迫的议事日程，而且要求把生态意识贯彻到管理和管理学中，将现代管理和管理学提升到生态化的新境界。因此，生态管理便应运而生。生态管理是从保护环境和可持续发展的角度出发，研究如何提高资源利用效益。

　　生态管理起源于 20 世纪 70 年代的美国，并在 90 年代成为研究和实践的热门话题。然而，由于其自身的复杂性，生态管理无论是作为理论还是实践都处于发展阶段。生态管理的理论基础非常广泛，它跨越生态学、生物学、经济学、管理学、社会学、环境科学、资源科学、系统论等学科，旨在运用生态学、经济学、社会学和现代科学技术的交叉学科原理，管理人类行为对生态环境的影响，努力平衡发展与生态环境保护的冲突，最终实现经济、社会和生态环境的协调可持续发展[12]。

　　生态管理是管理史上的一次深刻革命，虽然还没有成熟，但人类对其已有一些共同的认识。首先，生态管理强调经济生态平衡可持续发展。其次，生态管理意味着管理方式的转变，即从传统线性的、可理解的管理向循环的、渐进的管理转变，即根据测试结果和可靠的新信息不断更改管理计划，其原因是人类对生态系统复杂的结构和功能、响应特征及其未来的演化趋势的认识还不够深入，只能以预防为主，避免不可逆转的损失。再次，生态管理非常强调整体性和系统性，需要认识到所有生命个体之间的相互依存关系。个人、社会都是自然界的组成部分，生态系统中各组成部分相互间有着复杂的影响关系，生态管理应以整体性和系统性思维指导经济政治事务，谋求社会经济系统和自然生态系统协调、稳定、可持续发展。最后，生态管理强调公众和利益相关者更广泛的参与，这是一种民主而不保守的管理方法。

1.3.2　生态管理内容

　　生态管理处理的是人类活动与环境、资源的关系。生态和生态问题关系到人类生存的方方面面，尤其是人类生存的质量和未来的命运。在生态思维成为人类社会发展所亟须的智慧的今天，为了让生态理念和生态智慧普遍深入地融入我们的生活，切实有效地发挥其在保护环境、优化生态系统中的作用，建立生态治理迫在眉睫。生态管理是管理自然资源的一门新的系统科学。它整合了各种生态关系和复杂的社会、经济与政治价值的科学知识，旨在实现一个生态系统（如一个区域）的长期可持续发展。从传统的管理思想中开辟了一个新的角度，突出了可持续发展的重要性[12]。

　　人与自然如何和谐相处，是人类长期探索和思考的问题。这里所说的自然是指人类周围的外部空间，包括自然界中除人类以外的一切有生命的和无生命的元素与物体及人类创造的物体，如空气、阳光、水、土壤、矿物、森林、草原、名胜古迹等。生态管理的根本目的是传播环境保护和可持续发展的思想，使得人类社会的组织形式、运行机制，管理和生产部门的决策与规划，以及个人日常活动的安排等都能从环境保护和可持续发展的角度出发，提高资源利用效率，珍惜和节约资源，维护人与自然的和谐，实现人类社会的可持续发展。

要实现这一目标，首先要改变人们的传统思维。将生态意识和生态思维融入人们的各种观念中，包括消费观、价值观、道德观乃至世界观使人们形成新的生态理念和生态文化，引导人们的各种生产生活活动。改变以人为中心、以人的需要为目的征服自然的传统观念，实现人与自然和谐共处。通过资源循环利用、高效利用，减少经济社会发展的资源需求和生态破坏，促进经济社会系统和谐。融入自然生态系统，实现人与自然的和谐共生，最终实现经济–社会–自然复合生态系统的整体和谐与可持续发展。

1.3.3　水资源的生态管理必要性

在经济快速发展的背景下，人们对水资源的需求也在不断增加。水资源本身就是人们赖以生存的基础。但是，随着社会的发展和用水需求的增加，水资源供不应求。水环境整体质量正在发生巨大变化，而这种变化的源头主要受社会经济发展进程的影响，特别是受工业化、城镇化等因素和条件的影响，其中体现出一定的阶段性特征。20 世纪 80～90 年代，这个时期实际上是水污染问题逐渐开始蔓延的时期。20 世纪 90 年代末期到"十一五"期间，在应对这一问题时，我国不仅对产业结构进行了大规模调整，而且有针对性地采取措施，实现了水环境科学治理。在这种状态下，水污染得到一定程度的缓解，局部地区水环境总体走向受到影响和改善。但是，由于水环境污染范围广泛，不仅很多江河湖泊受到影响，很多地区也出现了严重的水污染。由此可以看出，无论是地下水被污染，还是某些具有复合型特征的污染，都会在无形中对居民日常生活和用水安全构成严重威胁，严重影响人们的身体健康。因此，水资源的生态管理值得深入研究。水资源生态管理是一个具有生态、环境和自然属性的概念，它不仅反映了水生态系统的可持续性、抵御和恢复水环境的能力，还反映了水生态系统维持社会发展的能力。

多年来，我国为环境改善做出了许多努力，也取得了显著成效，但环境问题依然不容忽视。针对水资源复杂巨系统的生态管理，更加适合当前环境下的水资源管理，为从根本上解决水资源短缺、脆弱性大和生态环境恶化等一系列问题开启了新的思路。如图 1.2 所示，生态管理与传统环境管理相比有显著的优势。

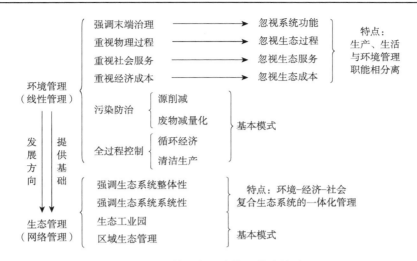

图 1.2　环境管理与生态管理模式的对比

在水资源管理中，生态管理的必要性体现在如下几点。

（1）生态管理体现了自然环境优先和可持续发展的思想。水是生态系统中的重要约束。生态环境需水是维持生态系统平衡最基本的需水量，这部分水是维持自然再生产所必须保证的水量和最基本的需求，不能用于其他用途。在为人类经济活动和社会发展分配水资源之前，自然生态系统需要用水应该首先得到保障。

生态环境需水的前提是维持流域或区域特定的生态环境功能，充分体现了可持续性的内涵。为维持生态系统的良性循环，达到人与自然和谐相处的生态环境标准，取水、排污等各种经济社会活动对水生态系统的影响不能超过其承载能力。

（2）生态管理促进水环境管理思想的转变。传统的水环境管理实施的是水质目标管理的技术路线，以污染防治为主。虽然水环境管理取得了很大的成绩，但由于缺乏对水质和水量的统一环境管理，水环境管理与水的其他用途管理脱节，不仅制约了水污染防治措施的预期效果，也使水环境管理往往陷入被动局面，导致河流、水库等湿地已干涸无水，却还在呼吁加强水污染治理、保护和改善水环境等荒诞场面的出现。

生态用水限制的出台，要求在维持整个水生态系统基本需求的基础上，改善水质，维护水生态系统生物多样性，促进整个环境要素良性互动，这意味着水质管理必须以保证水量为基础，水质和水量必须统一协调。

（3）生态管理促进传统水利向现代水利转变。过去，为了解决水资源短缺的问题，人们普遍倾向于开发新的水源，扩大供水，尽量满足用户的需求。一般来说，需求是不受约束的，这就是供给管理。相应地，水资源的管理已经退化为以水资源开发利用为目的的水利工程的简单管理。但是，随着人口的不断增长和经济的不断发展，这种方式越来越暴露出其不可持续性，具体表现为资源逐渐枯竭，环境日益恶化。例如，黄淮海平原地下水资源过度开采后，黄河断流，水土流失严重。北方一些城市缺水严重，水污染严重，生态环境恶化，荒漠化面积扩大，沙尘暴灾害加剧等。人们开始意识到水资源的承载能力和水环境的容量是有限的，不能不受控制地对其开发利用，否则会造成严重的后果，于是开始把注意力转向对水资源的需求管理上。

现代水利或资源水利，是指以水资源需求管理为基础，对水资源进行统一管理，以实现水资源的可持续利用。供给管理强调征服和改造自然，这反映了人类从古代对自然的敬畏和崇拜，到进入文明社会后随着科学技术的不断发展和生产力的不断提高，人们强烈要求主宰自己命运的追求；而需求管理则注重人与自然和谐共处的理念，倾向于克制人类对自然的过高要求，试图约束因人类过度扩张，只顾眼前利益而损害环境和生态系统的行为。

在从传统水利向现代水利转变的过程中，做好水资源需求管理是关键。只有约束人类对水资源的无限制需求，合理配置和科学管理有限的水资源，才能从根本上解决当前面临的重大水问题，真正实现水资源的可持续利用。引入生态环境用水的概念，可以更好地管理对水资源的需求。生态用水体系的建立，明确了河流物种所需的最小流量不再是一种浪费，而是一种必要的需求。这可以形成对需水量的定量约束，从而更合理地确定用水规模，保持水体生态系统的动态平衡。

基于生态管理的水资源管理是将生态利益从观念落实到行动的有力举措。水资源的合理利用就是将有限的水资源公平合理地分配给不同的用水需求，实现水资源的可持续利用。这实际上是水的各种用途之间的利益平衡。环境保护的目的是要求实现环境效益、经济效益和社会效益的协调。一般而言，环境影响评价制度被用作考虑环境效益的法律工具，但是，环境影响评价制度只在决策层面发挥作用。由于生态环境没有明确的利益代表，在具体的实践过程中往往成为经济利益的牺牲品。基于生态管理的水资源管理，从法律上来说，是找到了衡量生态效益的尺度，是生态利益从决策层面向实践层面迈进的一大步。

由此可见，水资源的生态管理是必不可少的。

1.3.4 水资源生态管理模式

从系统角度以系统方法研究水资源问题，已成为水资源研究领域的共识。水资源系统具备了复杂性、层次性和开放性等特点，属于一种典型的、开放的复杂巨系统[13]，如图 1.3 所示。

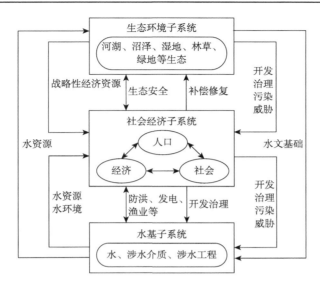

图 1.3　水资源复杂巨系统

可持续的系统，首先应该是和谐系统[11,13,14]。人水和谐是人文、水系统之间相互协调达到的一种良性循环状态，也是水基—社会经济—生态环境开放复杂巨系统协调发展的一种表现形式[11,14]。生态环境子系统、社会经济子系统和水基子系统之间既相互制约又相互联系，水资源复杂巨系统的整体特性和功能并不是三个子系统的简单叠加，其和谐是建立在各子系统及其组成元素和谐的基础之上的[13]。这就要求我们在处理水资源问题时，应摒弃传统的线性环境管理模式，而采用网络化的集成管理思想，不应局限于根据不同用途来分部门进行水管理的方式，而是应充分意识到水资源系统中各个要素的相互作用，在部门之间系统地处理水问题，强调系统的整体性、系统性，以及管理的网络性。1992 年，全球水伙伴（Global Water Partnership）提出了一种全新的水管理模式——集成水资源管理，自此以后，80%的国家已开始着手改革水资源管理模式，65%的国家提出过相关的集成水资源管理计划[15]。集成水资源管理已成为协调水、土地及相关资源，从而在生态系统可持续的条件下以公平的方式最大化生态环境、经济和社会福利的有效手段[16-18]。集成水资源管理就是属于一种生态管理模式。

本书就是为适应现阶段水资源演化机理日趋复杂，以及生态管理必要性持续凸显的背景，面向生态管理和处理复杂不确定性的现实需求，针对水资源复杂巨系统评价中的关键问题，发展和改进现有的水资源评价的理论方法，并进行实际的水资源评价问题的应用研究。

第 2 章 水资源评价现状

2.1 水资源评价定义

水资源是生态环境的控制性要素，也是最主要的社会发展战略性经济资源。水资源的短缺、时空变异性和易受破坏等特性使得水资源问题在世界范围内蔓延且日益激化，关于水资源学科体系的探索已成为当今资源科学需要完善的一项重要任务[2]。在水资源学科体系中，水资源评价一直处于基础性的重要地位。

1988 年，世界气象组织和联合国教科文组织在《水资源评价：国家能力评估手册》中定义 "水资源评价是指对资源的来源、范围、可依赖程度和质量进行确定，据此评估水资源利用和控制的可能性"[19]。联合国水会议决议中指出：没有对水资源的综合评价，就谈不上对水资源的合理规划与管理。水资源评价是水资源合理开发利用的前提，是科学规划水资源的基础，是保护和管理水资源的依据[20]。如前所述，我国的水资源状况十分严峻，同时，我国水资源时空分布不均匀，洪涝、干旱灾害频繁，污染问题突出，水问题发生的特点逐步从局部性、自然性、偶然性事件向大范围、高强度、持续性的水资源灾害和危机方向发展[13]。如前所述，按照联合国环境规划署的标准，我国属于水资源状况最为严峻的水资源脆弱国家[8]。因此，为了科学规划、开发、利用和保护水资源，对水资源评价理论与方法的研究就显得尤为重要。

21 世纪，随着人类活动强度的不断增大，水资源环境正发生着深刻的改变，其中既包括陆上系统的自然变化和气候变异，也包括陆面系统的土地利用、覆被改变。比如，修建水库可以获得一定的防洪、发电、渔业等效益，却使得区域蒸发量增大，从而影响水文过程；再如，人类通过改变土地覆被状况等极大地改变了流域的下垫面条件，却影响了局部水循环，大气中二氧化碳浓度不断增加，极端天气、洪涝、干旱现象频繁发生[7]。如第 1 章所述，为缓解水资源危机，促进经济社会可持续发展，2012 年 1 月《国务院关于实行最严格水资源管理制度的意见》正式发布，确立了水资源开发利用控制、用水效率控制和水功能区限制纳污 "三条红线"："确立水资源开发利用控制红线，到 2030 年全国用水总量控制在 7000 亿立方米以内；确立用水效率控制红线，到 2030 年用水效率达到或接近世界先进水平，万元工业增加值用水量（以 2000 年不变价计，下同）降低到 40 立方米以下，农田灌溉水有效利用系数提高到 0.6 以上；确立水功能区限制纳污红线，到 2030 年主要污染物入河湖总量控制在水功能区纳污能力范围之内，水功能区水质达标率提高到 95%以上。"这足见我国对水资源管理的高度重视。在水资源演化机理日趋复杂的背景之下，水资源评价工作中依赖的数据动态性和不确定性显著增强，加之对水资源控制越来越严格，导致水资源评价对象、评价模式、评价指标和评价方法都需要适应这些变化并进行延伸和扩展[9]。

本书认为面向生态管理和不确定性的水资源评价系统由水资源评价主体系统、水资源评价参考系统、水资源评价客体系统和水资源评价功能系统组成，如图 2.1 所示。水资源评价主体系统通过参考系统对客体系统进行评价（P_1），水资源评价由流域管理部门主导，涉及多个部门。水资源评价客体系统就是一系列水资源评价问题，通过该过程，水资源评价主体系统实现了评价功能（P_2），包括判别功能、选择功能、预测功能和指导功能。其中水资源评价参考系统是重点，它不仅是连接水资源评价主体系统与水资源评价客体系统的桥梁，也是实现 P_2 过程的途径。本书在已有研究的基础上，根据生态管理特征，在主体系统中考虑环境—经济—社会复合生态系统的一体化管理要求；将水资源评价参考系统作为研究重点，实现评价指标值从静态到动态的转化，评价目标从单目标到多目标的改进，评价技术从确定或简单模糊评价到多类型不确定评价的优化，从而适应现阶段水资源演化机理日趋复杂、信息不确定显著增强的新形势；把水资源复杂巨系统评价中的一些关键问题作为本书水资源评价的客体系统，通过将提出的方法和理论应用到实际案例中，来证明方法的有效性和科学性，实现水资源评价的功能系统。

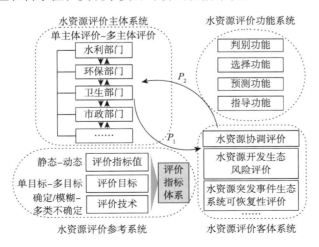

图 2.1　面向生态管理和不确定性的水资源评价系统

2.2　水资源评价研究分类

自 20 世纪中叶以来，许多国家出现不同程度的缺水、水生态退化和水污染等水资源问题，水资源评价逐渐受到各国重视。1968 年和 1978 年，美国完成了两次国家水资源评价，初步形成了以统计为主的水资源评价方法与技术[21]。西欧、日本、印度等地区和国家也相继提出了自己的水资源评价成果。1988 年，联合国教科文组织和世界气象组织共同制定了《水资源评价活动：国家能力评估手册》，国际上逐步对水资源评价工作的重要性达成了共识[22]。我国于 1980 年开展了第一次全国水资源评价工作，逐步形成了《中国水资源初步评价》和《中国水资源评价》等成果。1999 年，水利部以行业标准的形式发布了《水资源评价导则》，对水资源评价的内容及技术方法做了明确规定。2010 年《全国水资源综合规划》对水资源评价的技术和方法做了进一步完善[21]。在科学研究领域，学者也提出了很多传统的水资源评价方法。

为准确把握水资源评价的国内外研究现状和发展趋势，本书选取了科学引文索引（Science Citation Index，SCI）核心与中国知网（China National Knowledge Infrastructure，CNKI）两个数据库进行文献检索，检索时间为 2020 年 7 月，采用 NoteExpress 和 NodeXL 两个文献分析软件对检索结果进行了系统的整理与分析。在 CNKI 数据库中，以"水（资源）评价"为检索词且检索词出现在标题中的文献，有 3242 篇文献，删除会议消息、书评、成果摘要等非研究性质文献，最终得到 3162 篇文献。在 SCI 核心数据库中，以"water（resource）evaluation/ assessment/ assess"为检索词，且检索词出现在标题中的文献有 1160 篇，剔除一些非相关文献，最终得到 1104 篇文献。两个数据库的水资源文献年份分布如图 2.2 和图 2.3 所示。

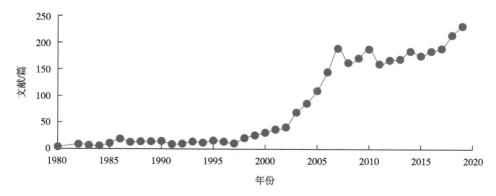

图 2.2　CNKI 数据库水资源文献年份分布

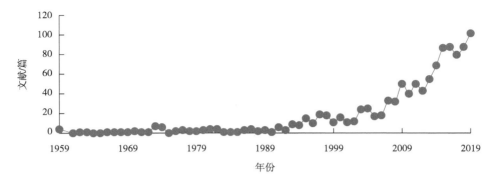

图 2.3　SCI 核心数据库水资源文献年份分布

如图 2.2、图 2.3 所示，在两个数据库中水资源评价的文献数量都呈现指数式的增长趋势，随着时间的推移，水资源评价愈发成为国内外研究的热点问题。水资源评价内容范围较广，为探索具体研究内容的分布情况，本书对文献按照研究内容分为九大类并进行归类标记，标记内容如表 2.1 所示。

表 2.1　水资源评价研究内容分类与标记

标记	研究内容
①	水质评价，水污染程度评价
②	水量评价，水量均衡评价，水丰富度/稀缺性/脆弱性评价、保障能力评价
③	水质水量结合评价
④	水资源承载力、开采潜力评价
⑤	水资源安全/压力/开发风险评价
⑥	水资源可恢复性、可再生能力评价
⑦	水资源利用、配置、管理有效性评价
⑧	水资源综合/系统评价，与社会、经济协调性评价
⑨	其他

在研究内容①中，评价对象偏向于水质特征、化学特征、水质变化及浮游生物等[23,24]；在研究内容②中，对单纯的水量、水丰富度评价已经越来越少，越来越多的研究偏向于水量均衡评价[25]；在研究内容③中，对水质水量相结合的评价以及与其相关的水质水量联合调度、监测、耦合、平衡分析也有非常丰富的研究[26,27]；在研究内容④中，针对我国不同流域、不同时空、不同省区市的水资源承载力或开采潜力评价也非常多，有的研究不仅得出了水资源承载力评价的结果，还分析了影响水资源承载力的因素，或对其进行了动态预测、趋势预警，对现实的水资源开发决策有重要的参考价值[28-30]；在研究内容⑤中，水资源安全评价获得了最广泛的关注，特别是关于农业、

城市、淡水资源的安全评价，许多研究基于水安全评价结果提出了水安全保障体系和优化配置建议[31-35]；在研究内容⑥中，专门针对水资源可恢复性或可再生能力评价的研究不多，然而在近些年，随着"韧性城市"、"水韧性"（water resilience）、"水弹性"（hydroelasticity）等概念的提出，这一研究主题又迎来新的发展；在研究内容⑦中，越来越多的研究基于系统视角、绿色视角、生态足迹模型、水足迹量化等对流域、经济带的水资源利用或配置有效性/效率进行评价[36-38]；在研究内容⑧中，类似于其他的资源综合评价，利用多属性理论进行的水资源综合评价模型、指标体系、指数等评价的研究非常丰富，目前水资源的协调演进、耦合协调分析与评价也成为重要的发展方向[39]；在研究内容⑨中，还有很多其他与水资源评价相关的比较分散的问题研究，如水资源、水环境、水污染监管相关政策、体制、体系等的评价和分析等[40,41]。

如图 2.4 所示，研究内容⑦水资源利用、配置、管理有效性评价是国内外研究中的最热点的问题；其次是研究内容⑧，关于水资源综合/系统评价，与社会、经济协调性评价，其中蕴含了生态管理的整体性内涵。中文文献对水资源承载力评价、开采潜力评价方面十分重视；对水量评价，水量均衡评价，水丰富度/稀缺性/脆弱性评价、保障能力评价研究较少；对水资源可恢复性、可再生能力评价的研究是最少的，随着水资源突发事件发生频率的增大，预计该主题在未来的研究中将会逐渐引起更广泛的重视。

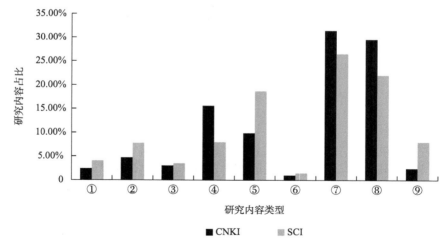

图 2.4　研究内容比例分布对比图

本书选择了⑤～⑧中的一些关键问题作为研究内容。

2.3　水资源评价研究方法和框架

水资源评价的定量方法比较集中，仍然以传统评价方法为主，尤其是在中文的文献中，这些方法的特点和评述总结，如表 2.2 所示。

表 2.2　水资源评价常用方法

评价方法	特点	评述	文献举例
层次分析法	能对方案进行排序优选和对多目标、多准则的系统进行分析评价，它能将以人的主观判断为主的定性分析定量化	当同一层次的指标过多时，评判结果会相互矛盾，使判断矩阵不一致	[42-44]
模糊综合评价方法	采用模糊联系合成原理进行综合评价，能够将定性定量指标进行量化	缺乏各指标对总体目标贡献大小和方向的结构性评价	[45-47]
灰色聚类评价法	通过确定指标的聚类权、聚类函数，获得聚类向量，最后用聚类向量判断对象所属灰类	评价因子实测值分布过于离散时，可能损失较多信息	[32,48,49]
主成分分析法	可以把多个指标通过降维的数学技术简化为一个指标或几个指标	只反映综合评价结果和主要影响因素	[50-52]
投影寻踪法	是处理高维数据，尤其是非正态、非线性高维数据的统计方法	维数过高时计算量大，搜索时间长，投影方向难以最优化	[53-56]
数据包络分析法	以相对效率概念为基础，根据多指标投入和多指标产出，对同类型的部门或单位进行相对有效性或效益评价的非参数分析法，可以得到经济含义和背景的管理信息	能对每个决策单元相对效率进行综合评价，但只给出相对于有效前沿面的信息，而无法给出其他指定参考面的综合信息	[57]

此外，水资源评价中常见的分析框架或概念模型广泛采用了常用的生态环境概念模型，用以设定评价的维度或指标体系，这些模型或框架有明显的脉络。最早出现的是由 Rapport（拉波特）在 1979 年首次提出的"压力—响应"分析框架，其后，经济合作与发展组织（Organization for Economic Cooperation and Development，OECD）在 20 世纪 90 年代初对该初始分析框架进行了扩展，提出了 PSR 模型[58]。1996 年，联合国提出了"驱动力—状态—响应"（driving force-state-response，DSR）模型。1993 年 OECD 又提出了目前广泛采用的"驱动力—压力—状态—影响—响应"（driver-pressure-state-impact-response，DPSIR）模型[59]。在 DPSIR 中，最重要的是如何进行响应，人类社会通过决策维持城市社会-经济-自然复合系统的可持续发展。响应行为则应当根据城市发展中出现的社会、经济及生态环境问题，做出及时的回应，以确保城市系统高效、快速及协调运转[59]。DPSIR 模型如图 2.5 所示。

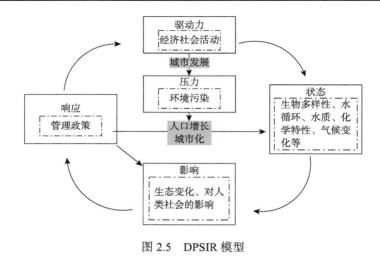

图 2.5　DPSIR 模型

2.4　水资源评价研究进展和评述

　　为了进一步地分析国内外水资源评价的研究焦点，本书采用 NodeXL 对文献进行了关键词网络分析。在 CNKI 数据库中，由于文献较多，只选取 2015 年以来的文献进行关键词网络分析，同时出现在一篇文章中的关键词，共有 1486 对，我们将属于同一个子图的关键词进行分组，仅得到 24 组，这说明中文文献对于水资源评价的研究较为集中，研究内容与背景相对统一。以顶点的大小区别显示连线数从多到少的关键词。

　　过滤连线数少于 10 的关键词，得到的 CNKI 数据库水资源评价关键词网络图，见图 2.6。

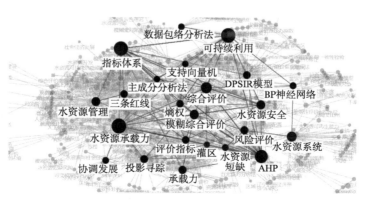

图 2.6　过滤后的 CNKI 数据库水资源评价关键词网络图

如图 2.6 所示，过滤出来的关于水资源评价方法的关键词包括数据包络分析法、支持向量机、主成分分析法、模糊综合评价、反向传播（back propagation，BP）神经网络、投影寻踪、层次分析法（analytic hierarchy process，AHP）、综合评价和熵权，这说明这些传统方法是水资源评价中最常用的方法。关于水资源评价内容的高频关键词有指标体系、评价指标、可持续利用、水资源管理、水资源承载力、承载力、水资源安全、风险评价、水资源短缺和协调发展等，这显示了中文文献中水资源评价的热点与动向。值得注意的是关键词网络中的"DPSIR 模型"显示 DPSIR 模型已成为主流的水资源评价分析框架，利用 DPSIR 模型构建的水资源评价指标体系，是从系统分析的角度评价可持续发展的指标体系，这样的框架在水资源评价中获得高度关注，这说明许多研究开始重视系统化的水资源评价，并关注人与环境资源的相互作用。"三条红线"也出现在了过滤后的关键词网络中，这显示了研究者已经开始聚焦在最严格水资源管理制度下的水资源评价研究。

在 SCI 核心数据库中，同时出现在一篇文章中的关键词，共有 1501 对，将属于同一个子图的关键词进行分组，得到 33 个组。虽然 SCI 核心数据库中的连线与 CNKI 数据库的连线差不多，但分组数却大于 CNKI 数据库，这说明英文文献对于水资源评价的研究内容更为发散。

过滤关键词网络图中连线数少于 15 的关键词，得到的 SCI 核心数据库水资源评价关键词网络图，见图 2.7。

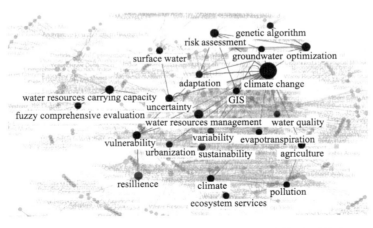

图 2.7　过滤后的 SCI 核心数据库水资源评价关键词网络图

如图 2.7 所示，最突出的关键词就是"climate change"，这说明英文文献非常注重气候变化在水资源评价过程中的影响。在 SCI 核心数据库中过滤出来的高频关键词并没有明显关于研究方法的关键词，这说明国际上对于水资源评价并没有特别集中的研究方法。在研究内容方面，与 CNKI 数据库中过滤出来的关键词较为契合。值得注意的是，"ecosystem services"（生态服务）出现在了过滤后的英文关键词网络中，这说明国际水资源评价中，已有很多研究不仅关注水资源的社会经济价值，也非常关注水资源的生态服务价值。

通过国内外文献分析，发现现有的水资源评价研究存在着一些可以进一步探索的地方，主要体现在以下几点。

1. 水资源评价定量方法值得进一步发展

如表 2.2 所示，不同方法只对特定的问题有适用性，并且以前适用的传统水资源评价方法在当前环境下不一定仍然适用，在方法的应用过程中，不一定能够满足生态管理集成化的要求，对各种不确定数据的处理也不一定全面，评价结果的优劣程度需要进一步探讨。现已出现不少对水资源评价方法进行改进的研究[36,60-63]，相对于传统的水资源评价定量方法，有的研究在时间变异方式方面进行了改进。谢平等针对变化环境下年径流序列非一致性进行研究，将跳跃分析、趋势分析引入到水资源评价方法中[61]。有的研究在空间尺度变异方面进行了优化，许多研究将地理信息系统（geographic information system，GIS）运用到水资源评价过程中。例如，Verma 等利用 GIS 和远程感应技术实现了对水质评价过程中的参数进行动态调优[62]；张学霞等考虑了评价单元之间的空间连续性，将空间聚类分析运用到水资源风险评价中[36]。有的研究将生态网络分析方法的思想融入水资源评价中，从不同的角度对传统方法进行了应用研究[63,64]。

水资源同时兼有时间和空间二重属性，水资源评价的定量方法需要在时间与空间两个尺度上同时改进[7]。同时考虑时间–空间两方面变异的水资源评价方法研究还不多见，符合生态管理集成化、网络化、一体化对水资源复杂巨系统定量评价的方法还需要进一步挖掘。

2. 水资源评价中的不确定性研究不足

总结现有文献，水资源评价中可能存在的不确定性有以下几类。

（1）模糊不确定性。例如，丰水年、水资源稀缺程度、水资源安全等级等概念都具有主观模糊性。模糊型环境的相关理论已有大量的成果[35,65]，但对于水资源评价问题相关的模糊型变量的期望值、机会测度、相关机会测度等的定义及性质还需进一步论证，水资源评价中的模糊型变量关于一些现实问题的解释还需进一步深入挖掘。例如，受水资源复杂特性等因素的影响，决策过程中的不确定性越来越明显，导致专家在给定评价值时经常在几个值之间犹豫不决，面对相同的属性，有的专家可能给出确定的答案，有的会在几个分值之间犹豫，有的可能会给出开放性的评价，如至少比一般的差，有的甚至无法判断，给出缺失值。此时，模糊集、直觉模糊集及其他扩展形式的模糊集就不能处理这种自由的表达。研究者提出了有自由语义表达功能的犹豫模糊集[66]，其允许某一对象隶属于模糊集的程度以多个可能值的集合的形式给出，通过这个技术，专家可以根据其经验、知识背景、洞察力自由给出评价，使其处理现实不确定性问题更为行之有效[67,68]。而现在还没有专门关于对犹豫模糊不确定性的水资源多属性群评价研究。

（2）随机不确定性。许多影响水资源供给的水文因子，如年降雨量、月径流量等，都具有随机不确定性，水文监测数据由于误差的存在也会存在随机性，尤其是在动态的水资源评价研究中，随机不确定性在时间序列数据上的表现更加明显。目前仅有较少的文献讨论水资源评价中的随机误差及随机因素[69,70]。

（3）双重不确定性。一般来说，来自内部的不确定性，如决策者的推测、估计，以及不同决策者的意见分歧，这种不确定性是主观的，可用模糊变量来描述；来自外部的不确定性，如水文因子、温度变化、降雨量的变化，这种不确定性是客观的，可用随机变量来表示。在水资源评价的实际情况中，主观、客观不确定性可能同时存在，在这种情况下，模糊与随机不确定性需要同时考虑，需要用到双重不确定性变量。目前只在水资源规划中有双重不确定性的研究[71]，在水资源评价问题上，还没有双重不确定性的体现。

（4）灰色不确定性。对于水资源评价中的一些因子和参数，如果获取的信息不完整，即某些信息已知，而某些信息未知，则信息具有灰性，称为灰色信息。现有的水资源评价中灰色不确定性研究主要在于灰色聚类评价法的应用[32,48]。

此外，由于水资源复杂巨系统的特性，需要同时考虑多类不确定信息，但已有的水资源评价研究还比较片面，大量研究只采用确定的指标值[52-55]，有的只考虑了灰色或模糊型的指标值和信息聚合方法[32,35,45-48,65]，较少的研究开始讨论水资源评价中的随机误差及随机因素[70,72]。因此需要将已有的评价方法扩展到能够同时处理多类不确定性，对水资源评价中不确定性的处理和多类型信息的集结方法需要进一步研究。

3. 当前许多水资源评价是一元的、静态的、目标片面的

传统水资源评价剔除了人类活动的影响，属于一元静态评价模式，对人工取用水影响的考虑，主要通过实测获得实际水文系列，加上人工耗用水量，以此还原到流域水文的天然本底状态；对于下垫面变化的影响，则采取一致性修正的方法，得到具有一致性且能反映近期下垫面条件的天然年径流系列[13,73]。随着水资源环境的变化，天然系列中还原比例越来越大，甚至逐渐占据主导地位，还原方法很难保证成果的精度[73]。现在已有一些研究开始考虑"人类-自然"的二元水资源评价，因此符合水资源复杂巨系统和谐的生态管理要求[13,16]。同时，我国现行流域水资源管理涉及水利、电力、土地、林业、农业、环保和交通等多个部门，

基本上属于分散型管理体制。一般说来，多个主体分享权力，权责交叉多，在生态管理集成要求下，需要考虑水资源评价的主体系统及多个主体之间的协调配合，需要研究多元主体的水资源评价，而这类的研究还不多见。此外，大多数水资源评价采用静态的指标值，不能反映水资源不断循环转化的复杂特性，需要将已有水资源评价研究中采用的水文数据指标值按照变化环境的实际要求动态化[74]。同时，许多水资源评价仍然采用传统的环境管理思想，评价目标重视经济成本，忽视生态成本，重视社会经济服务，忽视生态服务，评价目标片面。

综上，本书拟在已有研究的基础上，将评价主体从单一主体扩展到多元主体，将水资源评价的对象扩展到水资源复杂巨系统，面对动态和多类型不确定信息，发展新的权重求解方法，以及信息描述、处理和集结方法。

2.5　本书框架

2.5.1　本书思路

本书拟解决的关键科学问题，如以下两个方面所示。

1. 如何在水资源评价中顺应生态管理的潮流，符合水资源复杂巨系统和谐的要求

根据生态管理思想的系统性与整体性要求，需要对水资源环境–经济–社会进行一体化管理，研究更加综合集成的水资源评价。本书将对水资源评价口径进行扩大，将水资源评价的对象扩展到水资源复杂巨系统，扩展评价指标，发展多元动态、多目标的水资源评价。

2. 如何在水资源评价中描述和处理多类型信息

在水资源演化机理越来越复杂、水资源规划控制的要求越来越严格的背景之下，对不确定信息处理的要求也越来越高。水资源评价中的水文因子，其实际指标值往往表现出动态化、随机化、模糊化、双重不确定、灰性乃至未确知性等，传统的实测–统计方法往往要求水资源时间序列具有确定性和一致性，因此难以对变化环境的复杂性和不确定性做出准确判断。并且，在同一个指标体系或模型中，可能存在着不同类型的数据，如带统计分布特征的水文序列、随机波动因素、专家的犹豫模糊判断等。本书将针对动态和多类型不确定信息，发展新的赋权方法，以及信息描述、处理和集结方法。

本书拟采用生态管理指导思想，按照发掘问题—提出问题—理论研究—应用研究—对比研究的总体思路，以及单一问题—类问题—抽象问题—还原问题—解决问题的脉络对水资源评价问题进行研究，如图 2.8 所示。

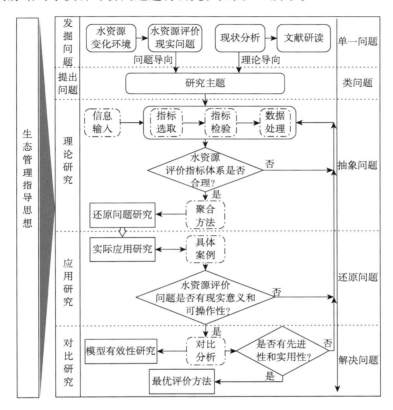

图 2.8　面向生态管理和不确定性的水资源评价研究思路

在此研究思路框架之下，本书将以生态管理思想为指导，将多属性决策方法、群决策理论、不确定理论、多目标理论、水文统计方法等综合运用到特定的水资源评价问题研究中。

（1）多属性决策方法。运用指标体系的建立方法、赋权方法、信息集结方法。

（2）群决策理论。根据水资源评价问题的特点，在专家群的主观评价中，需要用群决策方法，集结群经验，处理意见分歧。

（3）不确定理论。根据实际情况，采用适宜的随机、模糊、双重不确定，描述水资源评价系统中的不确定性，并处理和集结多类型信息。

（4）多目标理论。对多目标评价模型的建立和求解、目标优先级的处理、最有效条件进行讨论。

（5）水文统计方法。根据生态管理思想的要求，需要集成地考虑水资源复杂巨系统中各个要素，水文数据常常不满足一致性条件，不确定性强，需要用到水文统计方法对数据进行校正、分布函数检验、参数估计、回归分析和时间序列分析等。

2.5.2　本书内容

本书以生态管理思想为指导，以管理科学、经济学、生态学、系统工程、工程管理和水文学为学科基础，在文献综述的基础上开展研究，本书的总体框架如图 2.9 所示。

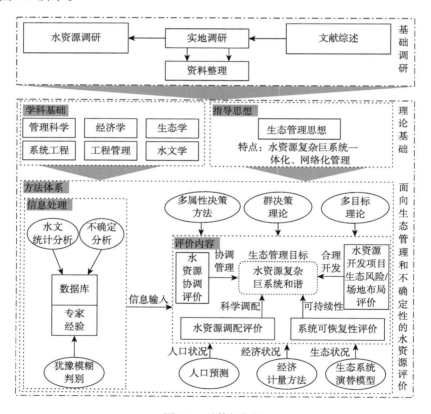

图 2.9　总体框架图

本书内容包括绪论、水资源评价现状、基础理论、基于水足迹理论和犹豫模糊理论的区域水资源协调评价、基于优先级的模糊多目标水资源调配评价、带混合不确定性的水资源开发项目可持续性风险评价、带混合不确定性的城市洪水灾害可恢复性评价、水资源开发项目场地布置动态多目标评价、总结。每个章节的具体内容总结如下。

第 1 章为绪论，介绍了水资源概况、水资源管理和生态管理的基本现状。

第 2 章为水资源评价现状，介绍了水资源评价、不确定理论在评价中的应用等研究现状，通过文献综述对国内外的相关研究进行总体评述，在此基础上提出总体框架。

第 3 章为基础理论，主要介绍多属性决策方法、群决策理论和不确定理论等。

第 4 章为基于水足迹理论和犹豫模糊理论的区域水资源协调评价。通过引入虚拟水的概念，进一步丰富水资源协调的内涵，即对水资源（可见水、虚拟水）进行合理布局和协调，以促进区域与跨区域社会、经济和生态的可持续发展。水资源具有来自生活、生产和生态等各方面的需求，且这三个层面的需求之间也具有相互竞争、相互关联和相互制约的关系，水资源协调旨在在时间、空间、数量、质量和用途上对水资源进行合理分配，使有限的水资源尽量获得最大的综合效益。同时考虑可见水与虚拟水，从公平、生态、效率的角度建立合理的评价指标体系，以评价区域水资源的协调状况。在研究过程中，为提高决策群体对指标重要性评价的语义灵活性，引入犹豫模糊数。通过最小化决策群体的分歧度和评价模糊度的模型，确定决策者的权重，进而求出不同指标的权重。通过 TOPSIS 方法集结出最终的评价结果。将提出的方法应用于评价某区域的水资源协调程度。通过与直接赋予决策群体相同权重进而确定指标权重的方法作对比，验证提出的方法的有效性，并提出提高该区域的水资源协调程度的决策建议。

第 5 章为基于优先级的模糊多目标水资源调配评价。水资源短缺已成为一个全球性的问题，并由此引发各种矛盾。此外，复杂的水源地情景所产生的不确定性增加了不同用水者之间的冲突，并破坏了水分配系统的稳定性。该章提出一种基于优先级的模糊随机变量的 MOP 模型，以解决一个 WRDA 问题。设计一种由 PSR 多属性评价体系组成的优先级确定方法和基于 TOPSIS 的排序偏好评估方法，以确定多个目标的优先级，然后将 MOP 模型转化为基于可解的 GP 模型。通过模糊随机变量，并考虑到社会、经济、环境和生态目标的优先级，所得结果可以根据局部条件进行调整。以我国某区域为例，验证该方法在科学制订 WRDA 方案中的实用性和合理性。

第 6 章为带混合不确定性的水资源开发项目可持续性风险评价，从可持续性风险的角度将水资源开发项目视为一个复杂的系统，并将其分为三个子系统：自然环境子系统、生态环境子系统和社会经济子系统。考虑到一些定量维度的不确定性，这些不确定性因素通过混合不确定性方法得到解决，包括模糊（如居民健康程度、居民幸福程度、文化遗产的保护程度等）、随机（如地下水位、河道宽度等）和模糊随机不确定性（如径流量、降水量等）。通过计算每个风险相关因素中的可持续性风险相关程度，建立可持续性风险评价模型。根据计算结果，确定关键的可持续性风险相关因素，并将其作为目标，以减少由水资源开发项目的可持续性风险因素造成的损失。以正在建设中的某水电站为例，论证风险评价模型的可行性，为其他大型水资源开发项目的可持续性风险评价提供参考。

第 7 章为带混合不确定性的城市洪水灾害可恢复性评价，主要考虑了带混合不确定的城市洪水灾害可恢复性评价问题。城市化和气候的变化增加了破坏性城市洪水发生的频率。虽然在一些城市洪水是不可避免的，但关键是要确保城市洪水恢复能力，以减少洪水损失。本章提出一个城市洪水灾害可恢复性评价体系，可为城市决策者提供指导。首先，构建涵盖洪涝前的抗洪能力、洪涝期间的应对和恢复能力、洪涝后的适应能力的灾害全周期的综合城市洪水灾害可恢复性评价体系。该评价体系包含专家的模糊判断和随机数据的混合不确定信息。其次，为克服加权困难，提出专家权重的最大共识模型。在此基础上，将传统的 VIKOR 方法扩展为对所有清晰、随机、犹豫的模糊信息进行聚合的方法，使该方法更能适应混合不确定环境。此外，该章还将该方法应用于我国东南沿海的五个城市，提出提高城市洪水灾害可恢复性的管理建议。最后，对结果进行灵敏性分析和对比分析。

第 8 章为水资源开发项目场地布置动态多目标评价，针对水资源开发项目场地布置问题提出一个多目标动态评价模型，在建模的过程中应用模糊随机变量，从而更好地描述问题中存在的双重不确定现象。为了处理模型中的模糊随机性，该章采用机会约束算子。为了求解这个模型，提出一个序数表达的、带混合更新机制的多目标粒子群算法。然后，将模型和算法应用到某水电站建设项目中的动态设施布局实际案例中，来验证模型和算法的有效性和实用性。

第 9 章对全书的主要工作和结论进行总结，并展望未来的发展方向。

第3章 基 础 理 论

面向生态管理和不确定性的水资源评价主要涉及以下理论和方法。

（1）多属性决策方法。结合具体的水资源评价问题，选用或者开发指标体系的建立方法、赋权方法、聚合方法。

（2）群决策理论。结合已有的群决策理论与方法，根据水资源评价问题的特点进行改进或者创新地将群决策理论应用到水资源评价问题中。

（3）不确定理论。根据特定水资源评价问题的特点，将主观评价与客观评价结合起来，综合运用清晰的、随机的、模糊的、犹豫模糊的或者灰色的不确定理论来描述水资源评价问题中的不确定性，找到最适合的描述方法和不确定的转化与计算方法。

（4）多目标理论。在水资源分配问题中涉及多个目标的处理。

（5）水文统计方法。分析和处理具有随机特征的水文指标。

3.1 多属性决策方法

多属性决策是指在考虑多个属性或指标的情况下，选择最佳备选方案或排序有限备选方案的决策问题。它属于离散的多目标决策问题，在这类问题中，决策与评价是同一个概念，多属性决策与多属性评价表达的是相同的内涵，因为这时的决策实质上就是分析评价过程。多属性决策也可以理解为具有多个属性的有限方案的排序和选择，它是现代决策科学的重要部分，决策或评价信息从底层（详细的指标）到顶层（决策问题或评价结果）逐步整合[75]。多属性决策在工程[76,77]、经济[78]、互联网[79]等诸多领域中有着广泛的应用。常见的多属性决策方法有以下几种。

专家评分法是出现较早且应用较广的一种评价方法。它是指在定量和定性分析的基础上，以打分等方式做出定量评价，其结果具有数理统计特性。专家评分法的最大优点是，在缺乏足够统计数据和原始资料的情况下，可以做出定量估价及得到文献上还来不及反映的信息；特别是当方案的价值在很大程度上取决于政策和人的主观因素，而不主要取决于技术性能时，专家评分法较其他方法更为适宜。专家评分法的主要步骤是：先根据评价对象的具体情况选定评价指标，对每个指标均定出评价等级，每个等级的标准用分值表示（如 5 分制、10 分制）；然后以此为基准，由专家对方案进行分析和评价，确定各个指标的分值；最后采用加法评分法、连乘评分法或加乘评分法求出各方案的总分值，从而得到评价结果。考虑到各指标重要程度的不同及专家权威性的大小，后又发展了加权评分法等[80]。

德尔菲（Delphi）法是美国兰德（Rand）公司创立的。它一开始是用于技术预测的方法，故借用古希腊传说中能预卜未来的神谕之地 Delphi 来命名。随后这种方法在决策评价领域中得到了广泛的应用。Delphi 法是一种多专家多轮咨询法，具有以下三个特征：①匿名性。向专家分别发放咨询表，参加评价的专家互不知晓，完全消除了相互之间的影响。②轮间情况反馈。协调人对每一轮的结果做出统计，并将其作为反馈材料发给每位专家，供下一轮评价时参考。③结果的统计特性。采用统计方法对结果进行处理[81]。

一般来说，评价中的方案排序应是一种满足传递性、自返性和完备性的弱序关系，但是在许多实际问题中，优先关系往往难以保证传递性和完备性，这就迫使人们不得不寻求更弱的序列关系，以适应客观问题的评价需要。发明于法国的选择消去法（elimination et choix traduisant la realité，ELECTRE）为解决这类问题提供了强有力的工具。其主要步骤是：先确定权重向量，定义并计算和谐指数与非和谐指数；然后设定和谐与非和谐指数的阈值，据此对计算出的指数进行检验；最后结合其他条件，确定级别不劣于关系[80]。

模糊 AHP、TOPSIS、VIKOR 常被用来做方案排序[82,83]。此外，许多复合方法与其他思想相结合。例如，Delphi 法、AHP 和富集评价的偏好排序组织方法（preference ranking organization method for enrichment evaluation，PROMETHEE）被结合起来，以解决决策方案之间的冲突，提高决策的准确性[84,85]。

在有关水资源和环境的决策或评价问题中，多属性决策方法得到了广泛的应用，但仍有一些方面有待优化或深入。例如，①适应生态管理要求下的水资源评价问题的指标体系需要发展；②指标权重和群决策中专家权重的确定还需要进一步优化，以达成更高的一致性水平；③涉及多种不确定的信息描述、指标处理等。

3.2　群决策理论

群决策问题是指为了实现某个特定的目标，两个或两个以上的个体组合成群体，讨论实质性问题，提出解决某一问题的若干方案，评价这些方案的优劣，最后共同制定决策的过程[86]。

群决策研究主要有以下特点[87]：①决策者不止一人。参与决策的人数直接影响到群决策行为的机理。由多个决策者或他们所组成的部门、组织及多个组织之间进行的联合决策都属于群决策理论研究的范围。②群决策问题的复杂性。群决策问题往往是所要解决的问题庞大而复杂，单个决策者已没有能力处理，需要集中集体的创造性智慧才能解决问题。③问题的处理非结构化、处理方法集成化。群决策问题往往没有固定的模式，具有半结构化或非结构化的特点，并且问题本身还带有很大的不确定性或风险性。④方案的不可试验性。尽管随着人工智能、仿真技术的发展，许多决策方案可以进一步科学化，但群决策所涉及的问题很多具有不可模拟、无法试验的特点，这对群决策理论和方法研究的科学性提出了很高的要求。

群决策与个体决策相比，具有很多优点：①群决策提高了制定决策的合法性；②群决策能提供更完备的信息资料；③群决策提高了最终决策方案的可信度。

群决策研究始于 200 多年前关于群体方案排序的数学研究。20 世纪 70 年代以后，群决策研究主要由两类学者沿着两条不同的路径进行：一条是社会心理学家通过实验的方法，观察分析群体相互作用对选择转移的影响；另一条是经济学家对个体偏好数量的集结模型的研究。20 世纪 80 年代，群决策理论研究和方法应用发展到了一个新的阶段，群决策理论拓展为几个不同又相互联系的领域，如偏好分析、群效用理论、社会选择理论、委员会决策理论、投票理论、一般对策论、专家评价分析、量化因子集结、模糊群体决策理论、经济均衡理论及决策支持系统等。20 世纪 90 年代，计算机技术、网络通信技术的发展，为消除或减少决策个体之间信息交流的障碍提供了可能，群决策的绩效也得到了较大改善。群决策支持系统成为研究的热点[88]。

我国对群决策理论的研究是从 20 世纪 80 年代开始的，之后许多学者从不同的角度对群决策理论进行了研究。1995 年群决策理论研究引起了学术界的重视。从国内对群决策的研究来看，主要是对群决策数学模型方法的研究、群决策支持系统（group decision support system，GDSS）的研究及社会选择理论的研究等。

水资源评价问题中凡是涉及专家评价的，往往都是典型的群决策过程。本书将讨论专家权重的确定，如何描述主观意见，度量意见的模糊或犹豫程度，如何合理设置专家权重，提高群体一致性，等等。

3.3 不 确 定 理 论

评价中应用不确定通常来源于两个方面：一是评价对象的不确定特征，对于水资源评价，典型的不确定特征包括河道特征、天气状态、水文状况、排放的污染物情况等；二是评价者的认知上的不确定，由于客观事物的复杂性、不确定性及人类思维的模糊性，当决策者受一些主、客观因素（如时间紧迫，对某些评估不感兴趣或者对某些比较敏感的问题不想发表意见等）制约时，决策或评价过程中往往存在不确定的和模糊的信息。例如，对同一指标的重要性进行评价时，决策者可能给出模糊语言的评价。

受水资源复杂巨系统复杂性的影响，水资源评价还面临着以下问题：一是由于客观情况的复杂性和人们认识的局限性，对水循环中的某些现象和机理仍然没有完全清晰的认识[13]；二是利用相关信息进行推导、模拟和预测的方法都带有一定程度的概化，无法完全真实地反映客观实际；三是相关的数据和信息积累有限，某些数据缺失，且在搜集过程中带有随机性，处理过程中也可能引入主观不确定[89]；四是即使是有充分的数据信息，模拟、计算及综合的结果也面临着不确定的可能[13]。因此，能否有效地处理不确定性，一直是水资源评价研究中的关键问题。在水资源演化机理越来越复杂、水资源规划控制的要求越来越严格的背景之下，对不确定信息处理的要求也越来越高。本节将介绍本书涉及的几类不确定理论。

3.3.1 随机不确定理论

1. 概率

在随机现象研究中，首先需要了解的概念就是概率。当人们反复做某一随机试验时，会发现某些事件出现的次数多些，而另一些事件出现的次数少些。显然，出现次数多的事件，在每次试验中出现的可能性也大些；出现次数少的事件，在每次试验中出现的可能性也小些。例如，观察我国南方冬季冰雪天气的情况，大中等级的冰雪天气出现较少，而极端冰雪天气更少；观测河川洪水出现情况，中小等级多，大等级少，极端等级更少。既然各种事件出现的可能性有大有小，为了定量描述随机事件发生的规律，自然有必要用一个数值来衡量事件出现可能性的大小，使出现可能性较大的事件用较大的数值来标识，出现可能性较小的事件用较小的数值标识，这个数值就称为事件的概率，事件 A 的概率记为 $P(A)$。

2. 随机变量

随机变量按其取值情况，可以分为离散型随机变量（可能的取值是有限的）和连续型随机变量（可能的取值是无限的）。设 X 为随机变量，x 为任意实数，则 $X < x$ 代表了基本空间 Ω 的一个事件。当 x 为不同值时，$X < x$ 代表不同的事件，从而其概率 $P(X < x)$ 也不同，即 $P(X < x)$ 为 x 的函数，记 $F(x) = P(X < x)$，称 $F(x)$ 为随机变量 X 的分布函数。分布函数可描述随机变量的统计规律性。

1）离散型随机变量

若随机变量 X 的取值可以一一列举，则 X 为离散型随机变量。若 X 的所有可能取值为 $x_i (i = 1, 2, \cdots)$，X 取 x_i 的概率为 P_i，即

$$P(X = x_i) = P_i, \quad i = 1, 2, \cdots$$

则上式为随机变量 X 的概率函数，概率函数具有以下性质：$P_i \geqslant 0$，$i = 1, 2, \cdots$，且 $\sum\limits_{i=1}^{\infty} P_i = 1$。

根据定义，离散型随机变量的分布函数为

$$F(x) = P(X < x) = \sum_{x_i < x} P_i$$

离散型随机变量的概率函数和分布函数举例，见图 3.1。

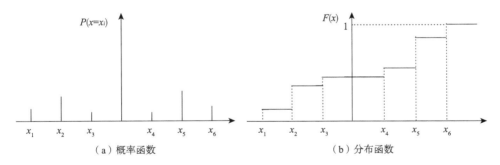

（a）概率函数　　　　　　　　　　（b）分布函数

图 3.1　离散型随机变量的概率函数和分布函数举例

几种重要的离散型随机变量的概率分布包括 0-1 分布、二项分布、泊松分布等，都在水资源问题中应用广泛。例如，某日是有雨还是无雨，可用 0-1 分布随机变量来描述；已知一座水库每年出现超警戒洪水的概率，且每年是否出现超警戒洪水是独立的，分别预测建成后 N 年内出现超警戒洪水 $0 \sim N$ 次的概率，可以利用二项分布的概率函数来计算；若我们已知任意一天出现暴雨的概率，假设每天的天气是相互独立的，我们可以利用泊松分布概率函数求一段时间内发生指定次数暴雨的概率。这些分布的特性可查阅相关统计文献[20]。

2）连续型随机变量

设随机变量 X 的分布函数为 $F(x)$，如果存在非负函数 $f(x)$，使对任意实数 x 有

$$F(x) = \int_{-\infty}^{x} f(x)\mathrm{d}x$$

则称 X 为连续型随机变量。其中，$f(x)$ 为概率密度函数。可见，连续型随机变量的分布函数完全由其密度函数所确定，从而连续型随机变量的概率特性也完全由其密度函数所确定，因此，在讨论连续型随机变量时，往往用其密度函数作为工具。

常见的连续型随机变量的概率分布包括均匀分布、指数分布、正态分布、皮尔逊Ⅲ型分布等，关于这些分布的参数及重要性质可以查询相关统计文献。这几种常见连续型随机变量的概率分布在水资源问题分析与管理中也很常用。例如，皮尔逊Ⅲ型分布，早在 1924 年就首次被福斯特用于水文现象研究，并获得了国内外水文学者的广泛认可，由于该分布与我国大部分河流水文情况拟合较好，也被我国水文计算广范推荐采用[90]。

随机变量有几个重要的特征值。随机变量的概率分布对随机变量的可能值及其出现的概率做出全面描述，但对于测量而言，其关心的是测量结果的最佳值和分散性，即随机变量的重要特征值——数学期望和方差。在本书中，主要关注的是随机变量的数学期望。

离散型随机变量 X 所有可能值 x_i 与其相应概率 p_i 的乘积之和，称为其数学期望 $E(x)$。

$$E(x) = \sum_{1}^{\infty} x_i p_i = \lim_{n \to \infty} \sum x_i p_i$$

对于测量，可以理解为随机变量的数学期望是以所有可能值与其相应概率为权的加权平均值。如果是等精度（权或概率相等）无限次测量，则所得结果的平均值为数学期望值。

$$E(x) = \mu = \lim_{n \to \infty} \frac{\sum_{i=1}^{n} x_i}{n}$$

若 X 是连续型随机变量，密度函数为 $f(x)$，从（$-\infty, +\infty$）之间取得很密的分点 $-\infty < \cdots < x_1 < \cdots < x_n < \cdots < +\infty$，则 X 落在 $[x_i, x_{i+1}]$ 中的概率近似地等于 $f(x_i)(x_{i+1} - x_i)$，因此 X 与概率 $f(x_i)(x_{i+1} - x_i)$ 取值 x_i 时的离散型随机变量近似，而这个离散型随机变量的数学期望为

$$\sum_{i} x_i f(x_i)(x_{i+1} - x_i)$$

上式是积分 $\int_{-\infty}^{+\infty} xf(x)\mathrm{d}x$ 的渐近和式，这种直观的分析启发我们引进如下定义。

定义设 X 为具有密度函数 $f(x)$ 的连续型随机变量，若积分 $\int_{-\infty}^{+\infty} xf(x)\mathrm{d}x$ 绝对收

敛，即（ $\int_{-\infty}^{+\infty} |x| f(x)\mathrm{d}x < +\infty$ ），则称它为 X 的数学期望（或均值），记为 $E(X)$ 或 EX，即

$$E(X) = \int_{-\infty}^{+\infty} xf(x)\mathrm{d}x$$

3. 随机变量函数

随机变量的函数仍是一个随机变量，经常需要求它的数学期望。但在实际问题中，求已知随机变量的函数的分布往往比较复杂，下述定理给出了由已知随机变量的分布求其函数的数学期望的方法，而无须求出随机变量函数的分布。

定理设 Y 是随机变量 X 的函数，$Y=g(X)$（g 是单值连续函数），当 X 是离散型随机变量时，若 $\sum_{i=1}^{\infty} g(x_i)p_i$ 绝对收敛，则

$$E(Y) = E[g(X)] = \sum_{i=1}^{\infty} g(x_i)p_i$$

其中，$p_i = P(X = x_i)(i=1,2,\cdots)$ 为 X 的概率分布。

当 X 是连续型随机变量时，若 $\int_{-\infty}^{+\infty} g(x)f(x)\mathrm{d}x$ 绝对收敛，则

$$E(Y) = \int_{-\infty}^{+\infty} g(x)f(x)\mathrm{d}x$$

其中，$f(x)$ 为 X 的密度函数。

在随机型决策问题中，决策人可以在各种可能的行动中进行选择，但涉及的因素是决策人所无法控制的。我们把决策问题中决策人无法控制的所有因素，即凡是能够引起决策问题的不确定性的因素，统称作自然状态。在水资源评价问题中，许多影响水资源供给的水文因子，如年降雨量、月径流量等都具有随机不确定性，因此这些变量可以用随机变量加以表示。由于未来自然状态的不确定性，决策人无论采取什么行动，都会因为自然状态的不同而出现不同的结果。由此可知，随机型决策问题具有如下特点。

（1）决策人面临选择，可以采取的行动（即备选方案）不唯一。

（2）自然状态存在不确定性，自然状态的不确定性导致结果不确定。

（3）结果的价值待定。

水资源管理中涉及的决策问题以及水资源评价中涉及的排序、寻优过程都符合随机型决策的特征。

3.3.2　模糊不确定理论

模糊集理论在自然科学领域研究中已受到广泛的重视，成为决策科学、系统

科学、运筹学等交叉学科的活跃研究领域，并且建立了许多分支理论。

1965 年，Zadeh 提出了模糊集的概念[91]，并在 1978 年定义了模糊变量的可能性测度，进而将模糊变量的研究和应用进一步深化。后来模糊随机向量及其联合分布和分布函数的概念被引入，丰富了模糊变量相关理论[92-94]。1975 年，Zadeh 提出二型模糊集，补充了普通模糊集理论[93]，Mendel 和 John 对其进行了完善[95,96]。在这种二型模糊集中，它们的隶属度是一个普通模糊集，当需要准确找出一个普通模糊集的隶属度函数时，它们的作用很大。

一个模糊数是实数集上一个正规的凸模糊集。对模糊数 A，它的隶属函数可表示为

$$f_A = \begin{cases} f_A^L(x), & a \leqslant x \leqslant b \\ 1, & b \leqslant x \leqslant c \\ f_A^R(x), & c \leqslant x \leqslant d \\ 0, & \text{其他} \end{cases}$$

其中，$f_A^L(x)$ 为连续的单调递增函数，称作左基准函数；$f_A^R(x)$ 为连续的单调递减函数，称作右基准函数。为方便起见，记 $A = (a,b,c,d)$。目前，学术界对模糊数的大小比较、两模糊数的距离等没有公认的定义。模糊数的排序及多属性评价有许多不同的方法。

直觉模糊集最初由 Atanassov 和 Gargov 提出[97]，其是对传统模糊集的一种扩充和发展。直觉模糊集增加了一个新的属性参数——非隶属度函数，非隶属度函数能够更加细腻地描述和刻画客观世界的模糊性本质，因而引起众多学者的研究和关注。Atanassov 和 Gargov 对直觉模糊集给出如下定义[97]：设 X 是一个给定论域，则 X 上的一个直觉模糊集 A 为 $A = \{< x, \mu_A(x), \nu_A(x) > | x \in X\}$，其中，$\mu_A(x): X \to [0,1]$ 和 $\nu_A(x): X \to [0,1]$ 分别为 A 的隶属度函数 $\mu_A(x)$ 和非隶属度函数 $\nu_A(x)$，且对于 A 上的所有 $x \in X, 0 \leqslant \mu_A(x) + \nu_A(x) \leqslant 1$ 成立。

还有一个与直觉模糊数非常类似的定义来自 Grzegorzewski[98]：令论域 X 是一个非空集合，则 X 中的直觉模糊集 A 是一组有序三元组 $A = \{(x, \mu_A(x), \nu_A(x)): x \in X\}$，$\mu_A(x)$ 和 $\nu_A(x)$ 分别为论域中元素 $x \in A$ 的隶属度和非隶属度。直觉模糊子集 A 在以下情况中称为直觉模糊数。

（1）A 是普通模糊数［即至少存在两个点 $x_0, x_1 \in X$ 使得 $\mu_A(x_0) = 1, \nu_A(x_1) = 1$］。

（2）A 是凸直觉模糊数（即它的隶属度函数 μ 是模糊凸的，它的非隶属度函数是模糊凹的）。

（3）μ_A 是上半连续的，ν_A 是下半连续的。

（4）$\text{supp}A = \text{cl}(\{x \in X: \nu_A(x) < 1\})$ 是有界的。

显然，每一个传统模糊子集对应于下列直觉模糊子集。

$$A = \{< x, \mu_A(x), 1 - \mu_A(x) > | x \in X\}$$

对于 X 中的每一个直觉模糊子集,称 $\pi_A(x) = 1 - \mu_A(x) - \nu_A(x)$ 为 A 中 x 的直觉指数,它是 x 对 A 的模糊度的一种测度。显然,对于每一个 $x \in X$,$0 \leqslant \pi_A(x) \leqslant 1$。对于 X 中的每一个传统模糊子集 A,有下式成立。

$$\forall x \in X, \ \pi_A(x) = 1 - \mu_A(x) - (1 - \mu_A(x)) = 0$$

定义 3.1　在论域 X 上的直觉模糊集记作 IFS(X)[97]。

在模糊与直觉模糊数的定义下,研究者提出了许多直觉模糊多准则决策（multi criteria decision making，MCDM）方法,近年来其在水资源评价中也有着一些的应用[99-103]。

模糊理论的应用可以有效地保留和描述决策者的主观评价。直觉模糊集[104]作为描述和表达不确定信息的主要方法之一,更接近决策者的认知行为方式。在实际决策过程中,受属性特征和决策者表达偏好的影响,对于属性值存在着多种表达方式,如精确数、区间数和语言变量等,因此需要根据相应的转化规则将混合型信息统一为直觉模糊集的形式,以便于进一步的计算和决策分析。模糊理论在评价中的应用可以有效地解决主观指标值的描述及评价体系中指标权重的确定等难题。

此外,由于社会的发展、问题的复杂化等因素的影响,决策过程中的不确定性越来越明显,导致专家在给定评价值时经常在几个值之间犹豫不决。此时,模糊集、直觉模糊集及其他扩展形式的模糊集在处理这种不确定性方面就有了一定的局限性。对此,Torra 提出了犹豫模糊集的概念[66,105],其允许某一对象隶属于模糊集的程度以多个可能值的集合的形式给出,而不像其他模糊集要求专家对属性值给定一个误差范围或者几个可能值的分布。

定义 3.2[66,105]　设 X 是一个非空集合,则称 $E = \{< x, h(x) > | x \in X\}$ 为犹豫模糊集。其中,$h(x)$ 为[0,1]上一些可能隶属值的集合,表示 X 中 x 对于 E 的隶属度的集合。$h = h(x)$ 为一个犹豫模糊元素。

定义 3.3[55]　给定一个犹豫模糊元素 $h(x)$,上下限定义为

$$h^+(x) = \max\{r \,|\, r \in h(x)\}, \ h^-(x) = \min\{r \,|\, r \in h(x)\}$$

因为 $h^-(x) + (1 - h^+(x)) \leqslant 1$,所以 $h(x)$ 的封面（envelope）$A_{env}(h) = (h^-(x), 1 - h^+(x))$ 可以确定是一个直觉模糊数。由于在很多实际决策过程中,专家往往难以确定一个精确的实数作为评价值,而区间值评价具有更好的灵活性。因此,学者还提出了区间值犹豫模糊集[56-58]。

定义 3.4[106]　设 $\tilde{M} = \{u_1, u_2, \cdots, u_n\}$ 是 n 个区间值隶属函数的集合,则

$$\tilde{h}_M : \tilde{h}_M(x) = \bigcup_{u \in M} \{u(x)\}$$

为由 $\tilde{M}$ 诱导的区间值犹豫模糊集。

犹豫模糊集能够对决策中的不确定性进行有效刻画，目前犹豫模糊集的距离相似性测度和其他一些算子已成为模糊多属性评价和群决策的研究热点[106-109]。例如，Li 等在电梯安全评价中，采用了犹豫模糊数表达决策者评价电梯的主观指标（如关键组件的检验结果满意度、电梯设计的合理性、制动过程是否平稳等）[110]；Thuong 等在财务报告质量评价中应用了考虑评价态度的犹豫模糊语言来描述专家意见[111]。犹豫模糊也经常与 TOPSIS、AHP、VIKOR、ELECTRE Ⅱ等信息集结方法连用，来完成一个模糊多属性评价问题[108,112,113]。在水资源模糊评价的实际决策问题中，专家往往很难确定一个精确的决策数值，而用相对合理的区间值进行评价的情况则时常存在于决策中，现在关于基于犹豫模糊的水资源评价多属性决策和群决策的研究很少，而且讨论得也不深入。本书将在水资源评价问题中引入犹豫模糊这个新颖而实用的概念，以使水资源评价中的专家意见表达得更加灵活。

3.3.3　双重不确定理论

一般来说，来自内部的不确定（如决策者的推测、估计及不同决策者的意见分歧）是主观的，可用模糊变量来描述；来自外部的不确定，或者说来自现实客观环境但不依赖于决策者的外部随机不确定性（如水文因子、温度变化、降雨量的变化）是客观的，可用随机变量来表示。在水资源评价的实际情况中，主观、客观不确定可能同时存在，在这种情况下需要同时考虑模糊与随机不确定，且需要用到双重不确定变量。目前只在水资源规划中有双重不确定性的研究[71]，在水资源评价问题上，还没有双重不确定性的体现。

与上述仅求解决策环境的随机不确定性或决策者的模糊偏差方法相比，模糊随机变量能够同时处理两个相互关联的不确定性，通过使用模糊集函数，模糊随机变量被证明可以有效地建模和分析随机实验样本空间中的不精确值[114-116]，并且在只有不精确数据或没有固定数据时，特别是当人类行为可能影响操作时，具有比随机理论更高的有效性，以防止不确定性的影响[117]。同时，由于专家咨询的结论不同，模糊随机变量的精度比简单的模糊方法高。以径流量为例，径流量既具有模糊性，又具有随机性。根据历史数据、专家建议，可以将径流量的范围划分为不同的级别，如高水平、中高水平、中水平、中低水平和低水平，并对每个级别的流量范围进行估算（模糊性），再结合已有的数据，可以预测每个级别的出现概率（随机性）。通过应用双重不确定理论，可以将水资源评价中类似的变量更好地表达出来。

以下介绍模糊随机变量的数学定义。模糊随机变量是刻画既有模糊性又有随机性双层不确定现象的数学工具，迄今为止其已经有多种定义。

定义 3.5[114]　一个模糊随机变量是概率空间 (Ω, F, P) 上的一个映射 $X : \Omega \to S$ 使得

$$\omega \xrightarrow{\ X\ } X_\omega$$

其中，S 为一族分段连续函数 $\mathscr{R} \to [0,1]$。S 中的每一个元素都是一个模糊数的隶属度函数。映射 X 要求满足下列性质。

（1）对于任意的 $\alpha \in (0,1]$，按如下方式定义的 $U_\alpha^*(\omega)$ 和 $U_\alpha^{**}(\omega)$ 是概率空间 (Ω, F, P) 上的一个随机变量，且有有限的数学期望。

$$U_\alpha^*(\omega) = \inf\{t \in \mathscr{R} \mid X_\omega(t) \geqslant \alpha\}, \quad U_\alpha^{**}(\omega) = \sup\{t \in \mathscr{R} \mid X_\omega(t) \geqslant \alpha\}$$

（2）对于任意的 $\omega \in \Omega$ 及 $\alpha \in (0,1]$，有

$$X_\omega(U_\alpha^*) \geqslant \alpha, \quad X_\omega(U_\alpha^{**}) \geqslant \alpha$$

最终，一个模糊变量 ξ 定义为一个模糊集

$$\xi = (\tilde{\chi}, X)$$

其中，$\tilde{\chi}$ 为由 ξ 的本原构成的集合。

定义 3.6[118]　设 (Ω, F, P) 是一个概率空间，Q 是由实数集 $\mathscr{R}$ 上所有的正规的模糊数构成的集合，称映射 $\xi : \Omega \to Q$ 为一个模糊随机变量，存在 $\mathscr{R}$ 的一族子集 $\{A_\alpha(\omega) \mid \omega \in \Omega, \alpha \in (0,1)\}$ 满足以下性质。

（1）对于任意 $\omega \in \Omega$，$\{A_\alpha(\omega) \mid \omega \in \Omega, \alpha \in (0,1)\}$ 是正规的模糊数。

（2）对于任意 $\omega \in \Omega$，$\alpha \in (0,1)$，按如下方式定义的 $\underline{A}_\alpha(\omega), \overline{A}_\alpha(\omega)$ 是可测的，即 $\underline{A}_\alpha(\omega), \overline{A}_\alpha(\omega)$ 是概率空间 (Ω, F, P) 的随机变量。

$$\underline{A}_\alpha(\omega) = \inf A_\alpha(\omega), \quad \overline{A}_\alpha(\omega) = \sup A_\alpha(\omega)$$

定义 3.7[119]　设 (Ω, F, P) 是一个概率空间，一个映射 $\xi : \Omega \to F_v$ 称为一个模糊随机变量，如果对 $\mathscr{R}$ 的任意闭子集 C，有

$$\xi^*(C)(\omega) = \mathrm{Pos}\{\xi(\omega) \in C\} = \sup_{x \in C} \mu_{\xi(\omega)}(x)$$

是关于 ω 的可测函数。其中，F_v 为一族模糊变量；$\mu_{\xi(\omega)}$ 为模糊变量 $\xi(\omega)$ 的可能性分布函数；Pos 为机会测度，由后文的引理给出。

定义 3.8[120]　给定概率空间 (Ω, F, P)，如果对 $\forall \omega \in \Omega, \alpha \in [0,1]$，映射 $\omega \mapsto \xi_\alpha^-(\omega)$ 和 $\omega \mapsto \xi_\alpha^+(\omega)$ 是可积的，则称 ξ 为关于概率空间 (Ω, F, P) 的积分有界的模糊随机变量。

在模糊随机理论中，为了刻画模糊随机事件，可以根据模糊测度的不同来定义三种本原机会测度。

引理 3.1[119]　设 ξ 是概率空间 (Ω, F, P) 上的模糊随机变量，则对任意的 $r \in R$，

有 $\text{Pos}\{\xi(\omega) \geqslant r\}, \text{Nec}\{\xi(\omega) \geqslant r\}$ 和 $\text{Cr}\{\xi(\omega) \geqslant r\}$ 是随机变量，$\omega \in \Omega$ 。

引理 3.2[119]　设 ξ 是概率空间 (Ω, F, P) 上 n 维模糊随机向量，f_i 是定义在 R^n 上的实值连续函数，$i = 1, 2, \cdots, m$ ，则有 $\text{Pos}\{f_i(\xi(\omega)) \geqslant 0, i = 1, 2, \cdots, m\}$ ，$\text{Nec}\{f_i(\xi(\omega)) \geqslant 0, i = 1, 2, \cdots, m\}$ 和 $\text{Cr}\{f_i(\xi(\omega)) \geqslant 0, i = 1, 2, \cdots, m\}$ 是随机变量，$\omega \in \Omega$ 。

定义 3.9[119]　设 $\xi = (\xi_1, \xi_2, \cdots, \xi_n)$ 为概率空间 (Ω, F, P) 上的模糊随机向量，$f: \mathscr{R}^n \rightarrow \mathscr{R}$ 为实值连续函数，则模糊随机事件 $f(\xi) \leqslant 0$ 的本原机会测度被定义为从 $[0,1]$ 到 $[0,1]$ 的函数。

（1）概率可能性机会~（Pr-Pos Chance）

$$\text{Ch}\{f(\xi) \leqslant 0\}(\alpha) = \sup\{\beta \mid \Pr\{\omega \in \Omega \mid \text{Pos}\{f(\xi) \leqslant 0\} \geqslant \beta\} \geqslant \alpha\}$$

（2）概率必然性机会~（Pr-Nec Chance）

$$\text{Ch}\{f(\xi) \leqslant 0\}(\alpha) = \sup\{\beta \mid \Pr\{\omega \in \Omega \mid \text{Nec}\{f(\xi) \leqslant 0\} \geqslant \beta\} \geqslant \alpha\}$$

（3）概率可信性机会~（Pr-Cr Chance）

$$\text{Ch}\{f(\xi) \leqslant 0\}(\alpha) = \sup\{\beta \mid \Pr\{\omega \in \Omega \mid \text{Cr}\{f(\xi) \leqslant 0\} \geqslant \beta\} \geqslant \alpha\}$$

其中，$\alpha, \beta \in [0,1]$ 为事先设定的置信水平值；$\text{Ch}\{f(\xi) \leqslant 0\}(\alpha)$ 表示在概率水平值为 α 时 $\{\}$ 中的模糊随机事件成立的可能性（必然性、可信性）程度。显然，$\text{Ch}\{f(\xi) \leqslant 0\}(\alpha)$ 是关于 α 的单调递减函数。

模糊随机变量的期望与方差先后被不同的形式定义，下面给出 Puri 和 Ralescu[120]的定义。Puri 和 Ralescu 利用可测集值函数的 Aumann 积分将模糊随机变量的期望值定义为模糊数[120]。模糊期望值反映了模糊随机变量向中间值靠近的趋势值，描述了模糊随机变量的统计性质，在统计和决策等方面有广泛的应用并发挥了重要作用。

定义 3.10[120]　设 ξ 是概率空间 (Ω, F, P) 上积分有界的模糊随机变量，ξ 的期望值 $E(\xi)$ 被定义为 R 上的唯一的模糊集，对 $\forall \alpha \in [0,1]$ ，满足

$$(E(\xi))_\alpha = \int_\Omega \xi_\alpha \mathrm{d}P = \left\{ \int_\Omega f(\omega)\mathrm{d}P(\omega) : f \in L^1(P), f(\omega) \in \xi_\alpha(\omega) \text{ a.s.}[P] \right\}$$

其中，$\displaystyle\int_\Omega \xi_\alpha \mathrm{d}P$ 为 ξ_α 关于 P 的 Aumann 积分；$L^1(P)$ 为关于概率测度 P 可积的全部函数 $f: \Omega \rightarrow R$ 。下面将 Puri 和 Ralescu 定义的期望值算子（expected value operator, EVO）记为 $\tilde{E}$ 。

引理 3.3[116]　设 (Ω, F, P) 为完备概率空间，$\xi: \Omega \rightarrow F_C(R)$ 为积分有界的模糊随机变量，则对 $\forall \alpha \in [0,1]$ ，$\tilde{E}(\xi)$ 的 α –截集可以表示为如下的紧凸区间。

$$(\tilde{E}(\xi))_\alpha = [(\tilde{E}(\xi))_\alpha^-, (\tilde{E}(\xi))_\alpha^+] = \left[\int_\Omega (\xi(\omega))_\alpha^- \mathrm{d}P(\omega), \int_\Omega (\xi(\omega))_\alpha^+ \mathrm{d}P(\omega) \right]$$

引理 3.4[116]　设 (Ω, F, P) 为完备概率空间，ξ_1, ξ_2 为定义在 (Ω, F, P) 上积分有界的模糊随机变量，$\lambda, \gamma \in R$，则有

$$\tilde{E}(\lambda \xi_1 + \gamma \xi_2) = \lambda \tilde{E}(\xi) + \gamma \tilde{E}(\xi)$$

模糊随机变量还有许多其他数字特征，如它的方差反映了模糊随机变量对其期望值的宽度或扩散程度的精确度量，两个模糊随机变量之间的斜方差则反映了它们之间的线性相关的程度。关于这些数字特征，可以参考专业文献[114-116,119,120]。

3.4　多目标理论

在多目标优化问题中存在着多个相互冲突的子目标，在一个目标上取得改进，将会引起另一个或多个目标的降低，同时使所有目标都达到最优是不可能的，MOP 的目的是研究如何在多个目标中进行协调和折中，使得总体上都尽可能达到最优化。

MOP 问题的数学形式可以描述为

$$\min y = f(x) = \{f(x_1), f(x_2), \cdots, f(x_m)\}$$
$$\text{s.t. } g(x) = \{x \mid g_i(x) \leqslant 0, i = 1, 2, \cdots, p\}$$
$$x = (x_1, x_2, \cdots, x_m) \in X, \ y = (y_1, y_2, \cdots, y_p) \in Y$$

其中，x 为决策向量；X 为决策向量组成的决策空间；y 为目标向量；Y 为目标向量组成的目标空间；$g_i(x) \leqslant 0$ 为第 i 个约束。

1. 基本概念

在 MOP 理论中最重要的一个基本概念是 Pareto 解集。经济学家 Vilfredo Pareto（维尔佛雷多·帕累托）首次提出了 Pareto 解集的概念，即一个解可能在 MOP 中某个目标上是最好的，但在其他目标上却不是，Pareto 最优解集内部的元素是彼此不可比较的[121]。

定义 3.11[121]　有 MOP 问题的可行域表示为 X，如果 $x \in X$，且不存在另一个可行点 x'，有 $x' \in X$ 满足

$$f_j(x') \leqslant f_j(x), \ j = 1, 2, \cdots, m$$

其中至少有一个严格不等式成立，则称 x 为该 MOP 中的一个非劣解。

定义 3.12[121]　Pareto 解集为所有非劣解的集合。

对于 Pareto 解集的评价是理论研究及实际应用中关注的重要问题。一般来说，理想的 Pareto 解集应满足三个条件：一是求得的 Pareto 解集应尽可能趋近于理论 Pareto 解集；二是 Pareto 解集的分布尽可能均匀；三是 Pareto 解集应有尽可能好的扩展性。

为评价 Pareto 解集在这三个方面的表现，Zitzler 等提出了以下三种指标[122]。

1）平均距离指标

$$M_1 := \frac{1}{|N|} \sum_{\alpha' \in X'} \min\{\|\alpha' - \overline{a}\|; \overline{a} \in \overline{Y}\}$$

其中，X' 为求得的 Pareto 解集；N 为求得的 Pareto 解集中的非劣解的个数；$\overline{Y}$ 为理论 Pareto 解集；α' 和 $\overline{a}$ 分别为求得的 Pareto 解和理论 Pareto 解。M_1 越小说明求得的 Pareto 解集应更趋近于理论 Pareto 解集。

2）分布指标

$$M_2 := \frac{1}{|N-1|} \sum_{\alpha' \in X'} \left| \{b' \in X'; \|a' - b'\| < \sigma\} \right|$$

其中，σ 为给定的临近参数。M_2 越小说明 Pareto 解集分布令决策者越满意。

3）扩展性指标

$$M_3 := \sqrt{\sum_{i=1}^{m} \max\{\|a_i' - b_i'\|; a', b' \in X\}}$$

M_3 越大说明 Pareto 解集扩展性越好。

2. 求解方法

Veldhuizen 和 Lamont 根据优化与决策的顺序将多目标优化方法总结为三类：先验优先权方法、交互式方法及后验优先权方法[123]。先验优先权方法为事先给定各个目标的优先权重，将多目标转化为单目标。在交互式方法中，优先权的设置是与非劣解的搜索过程交替进行的，常常认为交互式方法是先验优先权方法与后验优先权方法的结合。后验优先权方法是先找出所有的非劣解，再根据决策者的偏好选取其决策。与多目标优化方法相对应的有三种对于多目标的处理方法。

1）聚合法

简单来说聚合法就是把多个目标转化为传统的单目标规划再进行求解，包括字典序法、目标向量法、分层序列法和 ε 约束法等。这种方法由于非常简捷方便，在实践研究中得到了最广泛的应用。然而，这种方法实际上忽略了多目标的本质，且在转化过程中加入了主观的权重，当决策者对问题认识不清或经验不足时，难以得到满意的结果。

2）准则选择法

准则选择法用在具体算法中，以选取的准则进行进化操作。研究表明，这种方法实际上是将算法中的适应值进行线性求和，与聚合法不同的是，聚合法中的权重是决策者主观赋权，准则选择法中的权重是由当前的种群决定的，客观上降低了主观臆断对结果的影响，但是这种方法难以处理非凸集问题。

3）Pareto 集方法

Pareto 集方法本质上是基于 Pareto 解集的概念，基本思想是在进化算法中将多目标值映射到一种基于秩的适应度函数中。Pareto 集方法与前两种方法相比更加贴近多目标的本质。很多算法都可以嵌入 Pareto 集方法来处理多目标问题，如多目标遗传算法、多目标粒子群算法等。本书将用到多目标粒子群算法求解水资源开发项目施工场地设施动态布局问题。

多目标优化方法与多目标处理方法的分类，见图 3.2。

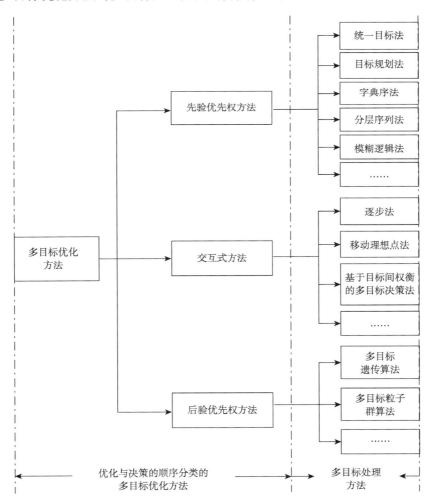

图 3.2　多目标优化方法与多目标处理方法

多目标优化方法已被广泛用于水资源管理的优化问题、分配问题中[124-126]。

本书将在水资源分配评价问题中，采用基于优先级的多目标评价方法。

3.5　水文统计方法

定量水资源评价离不开水文统计方法。水文现象和其他一切自然现象一样，它的发生和发展过程，既有确定性的一面，又有随机性的一面。由于天文和宏观地理地质因素比较稳定，河流的水文情势具有以年为周期的循环性和明显的季节性，这就是水文现象的确定性。然而，水文现象在发展过程中，还不时地受到许多次要因素的影响，如大气环流的变化、降水的时空分布和由人类活动影响导致的下垫面的条件变化等，这些因素不仅种类繁多，而且组合也复杂多变，从而使水文现象在其稳定的年、季变化背景上不断发生各种随机偏差，这就是水文现象的随机性。由于随机性广泛存在于水文现象中，统计方法在水文学中占据了重要的地位，通常就把水文学中的概率统计方法称为水文统计方法，如今其已发展为成熟的学科[127]。

开展水文统计工作，主要任务是对水温现象、气象变化等情况进行统计，并对收集的数据进行相关性研究，总结变化规律，科学进行预测评估，为水利工程建设等提供重要的参考。水文统计工作的开展需要有相应的统计方法来进行指导和支撑，通常进行水文统计的方法主要有频率分析方法、回归和相关分析方法、资料模拟方法及风险分析方法等。频率分析方法主要通过水文统计调查分析来对相关资料开展顺序排列计算，进而计算相应的频率值，以此作为水文特征的重要依据，为水文工程建设提供重要依据。回归和相关分析方法主要是通过对水温变量进行分析，研究多个水文变量之间的关系，进而通过回归方程来总结线性规律。资料模拟方法是建立在水文系列相似性特征基础上开展统计研究的方法，通过利用 0～1 的频率参考值，进而对现有的资料进行模拟分析的方法。风险分析方法是指对水利工程建设风险进行分析，预测发生的概率，进而为工程安全开工提供参考依据。不同的水文统计方法适用的领域各不相同，需要根据具体的需要和现实条件来进行研究，甚至需要利用多种统计分析方法进行综合研究[127]。

通过对水文数据进行统计分析，相关的结果对汛情预测等具有重要的参考价值，如果通过数据分析发生汛情灾害的可能性较大，可以提前制定相应的预防举措，保障人民群众生命财产的安全，最大限度降低危险或风险的发生。水文统计工作的开展，也有助于为国家有关部门提供重要的数据支持，通过对水资源不同地区、不同时期的利用情况进行分析研究，进而更好地做好水资源协调管理工作，不断提升水资源科学化利用成效[90,127,128]。

随着形势的发展变化，水文统计工作统计范畴不断扩大，统计内容日益完善，新时期做好水文统计工作意义重大，既要不断进行统计方法、统计理念创新，又要深刻认识到大数据时代信息的重要性，传统的水文统计方法已经不能适应新时期水文统计工作的新要求，需要积极推进信息化建设，借助计算机技术等加强水文统计信息化管理，这样才能更好地提高数据传输、共享和深度分析水平，还可以依靠计算机技术等进行汛情预测、动态监控水库蓄水量变化等，这也是未来水文统计工作的发展趋势和必然选择[127]。

3.6　本　章　小　结

本章结合面向生态管理和不确定性的水资源评价问题的特点，重点介绍了多属性决策方法、群决策理论、不确定理论、多目标理论和水文统计方法的一些基础概念。其中，不确定理论主要介绍了随机不确定理论、模糊不确定理论和双重不确定理论。这些理论和方法为本书的后续研究奠定了基础。

第4章 基于水足迹理论和犹豫模糊理论的区域水资源协调评价

4.1 水资源协调问题背景

协调不仅仅是分配。分配是按照计划进行资源配置,其目的是实现供需平衡,而协调则意味着和谐、适度的分配。参考熊德平的协调与协调发展理论,协调发展是指系统或系统内要素在和谐一致、良性循环的基础上由低级到高级,由简单到复杂,由无序到有序的总体演化过程[129]。水资源开发利用和社会经济综合发展需要满足协调性的要求,二者相互支撑、相互依赖(图4.1)[129]。一方面,逐步增强的水资源开发利用程度促进了社会经济综合发展。水资源的合理开发利用,改善了重点地区、重要城市、粮食生产基地、能源化工基地等水源条件,提高了受水区"三生"用水保证率,缓解了区域水资源供需矛盾,促进了水资源时空平衡。而水体污染物作为经济社会发展的必要产物,处理达标后排入天然水体实现循环净化,有助于增加河槽水资源量,改善水体生境,同时也实现了生产、生活污水的有效承载。另一方面,不断提升的社会经济综合发展水平改善了水资源开发利用的程度。经济高质量发展,技术创新加快,居民节水意识、环保意识增强,生态修复稳步推进等,为实施水资源合理开发利用战略提供了必要的资金、技术、人力及空间条件,进而为水资源节约集约开发利用、水体污染物"零排放"注入了无限潜能。由此,水资源开发利用与社会经济综合发展实现了良性循环,两者相辅相成、层层联动,为区域高质量发展提供了强大动力。

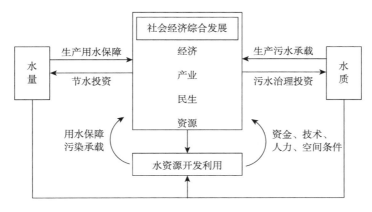

图 4.1　水资源开发利用和社会经济综合发展协调机理

水资源的管理不当可能会导致饥荒、粮食短缺、生态破坏和地域冲突，世界上发生的很多人道主义灾难，都与水资源引发的冲突有关[130-132]。因此，对水资源的协调不仅可以有效地指导水资源的分配，实现水资源的可持续利用，还可以降低因水资源短缺从而引发冲突的风险。这里所指的水资源协调，是指为了缓解水资源的供需矛盾，实现区域水资源、经济、社会和生态环境的可持续发展。

由第 2 章研究现状分析可见，已有的水资源评价中仍然缺乏关于水资源协调性的评价。此外，已有的研究主要关注可见水。许多研究不仅为评价可见水提供了多种方法，也提供了多种水资源分配方法[133,134]。然而，从长期可持续发展和区域水资源协调的角度考虑，虚拟水也是非常重要的[135]。水资源协调应该同时考虑效率、公平和生态，以实现区域的长期可持续性发展，因此在评价区域水资源协调性时，应同时考虑可见水和虚拟水。

多属性决策在水资源和环境决策问题中得到了广泛的应用[136]，但该方法在水资源协调中的应用很少，主要是因为指标的选择及其权重确定的困难。本章同时考虑可见水和虚拟水，从公平、生态、效率的角度建立合理的评价指标体系，以评价区域水资源的协调状况。

4.2　水资源协调问题描述

4.2.1　水资源协调问题

如图 4.2 所示，水资源协调应同时考虑公平、效率和生态，只有这样才可能实现区域的长期可持续性发展。

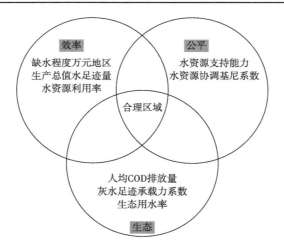

图 4.2　水资源协调示意图

COD 表示 chemical oxygen demand（化学需氧量）

公平、效率和生态的具体内涵如下。

（1）公平：社会公平意味着社会主体可公平地获取资源[137]。

（2）效率：用水效率与特定地区的用水行为有关。通常情况下，由于居民用水效率不高，地区通过采用节水技术或产品等可以带来可观的节水效果，因此，生活用水需求与居民用水行为和是否采用节水技术有关[138]。

（3）生态：生态平衡是指人类与周围的动植物和谐共处的能力。随着城市经济的发展，生态压力相应增加，如自然资本（即城市内部的自然资源）急剧下降、环境承载力下降等[139]。

水资源协调应同时考虑公平、效率和生态。如果只考虑公平，那么为了使社会主体获取相同的水资源，需要将水资源丰沛区域的水运输到缺水地区，这将带来过高的时间和资源成本，并对生态环境造成沉重负担。如果只考虑用水效率，将更多的水资源用于工业、制造业等以提高经济效益，那么群众，特别是农民会因为未受到公平对待，从而引发冲突。此外，过度利用水资源将导致生态受到破坏。如果只考虑保护生态环境，那么水坝修建或管道铺设将受到限制，而这种过度保护会阻碍经济发展，导致资源利用效率低下，且水资源分配不公平的困境难以解决。

4.2.2　水资源协调中的虚拟水

可见水是为人们所熟知的，而虚拟水是指生产农业和工业产品过程中所需要的水。由于这些产品可在不同地区，甚至世界范围内交易，可以认为这些产品中

包含的虚拟水也进行了交易。可见水与虚拟水之间的关系如图 4.3 所示。可见水
包括大气水、地表水、土壤水和地下水，并且具有周期性变化。人类社会利用有
效降水和转移水来创造可循环的供水和用水关系。在此过程中，人类也利用水资
源制造不同的商品。虚拟水的循环过程与产品贸易、产品消费有关，因此，类似
于可见水，虚拟水也可以进行转移和输出。

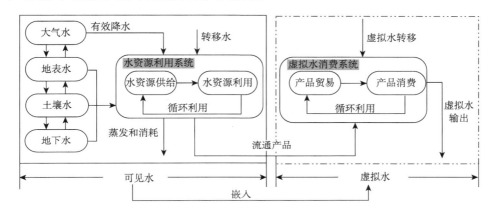

图 4.3　可见水与虚拟水关系图

当考虑水资源协调时，纳入虚拟水和水足迹是有必要的。从公平的角度来看，
虚拟水资源可以缓解水资源短缺的压力并促进用水公平，因为缺水地区可以购买
耗水量大的产品来节省本区域的用水，而政府可以制定相关的政策，保证这些地
区在购买此类产品时可以获得补贴。从效率的角度来看，虚拟水可以通过多种交
通方式运输，因此可以通过比较运输时间、运输成本等找出最有效的运输方式。
此外，虚拟水可以缓解生态压力。例如，水可用于发电，因此，跨区域项目可将
电力从能源丰富的地区转移到能源匮乏的地区，从而保护后者的生态环境。值得
关注的是，水污染也可以通过经济活动进行间接转移，虚拟水中包含的污染数量
远大于可见水在转移过程中包含的污染数量，当应对生态压力时，必须考虑虚拟
水的流动。

4.3　水资源协调评价方法

4.3.1　水资源协调评价方法框架

水资源协调评价方法的框架如下：有 n 个评价者，即 V_m（$m=1,2,\cdots,n$），

有 p 个指标，即 C_k（$k=1,2,\cdots,p$）。本章考虑了两个层次，即评价者层次和指标层次，通过最小化评价者群体的分歧度和犹豫模糊度的模型，确定评价者及指标的权重。在搜集所有指标的数据后，采用 TOPSIS 方法集结出最终的评价结果。

4.3.2　水资源协调指标选取

水资源协调应同时考虑公平、效率和生态，这三个方面的指标是根据以下原则[140]选取的。

（1）代表性原则。指标应代表区域水资源的协调情况。

（2）完整性原则。指标应反映区域水资源在公平、效率和生态方面的状态。

（3）可量化原则。为计算方便，建议选择可量化的指标。

（4）可比较原则。为保证不同评价区域的评价结果具有可比较性，指标的概念和计算方法应标准化。

（5）易操作原则。指标体系应全面考虑数据源的可获得性。

根据以上原则和水资源协调的定义，并结合以往的评价研究，选取以下指标进行评价。

1. 公平性指标

区域消耗的水足迹（WF）可采取自下而上法进行计算。

$$\text{WF} = \text{WU} + \sum P_t \times \text{VWF}_t \tag{4.1}$$

其中，WU 为可见水用量，包括工业用水、农业用水和生活用水；P_t 为产品 t 的消费量；VWF_t 为 1kg 产品 t 中包含的虚拟水含量，m^3。主要农产品可分为农作物产品和动物产品，单位农产品中的虚拟水含量，如表 4.1[141]所示，如 1kg 棉花中含有 2.48 m^3 虚拟水。

表 4.1　主要农产品虚拟水含量（单位：m^3/kg）

农作物产品	虚拟水含量	动物产品	虚拟水含量
棉花	2.48	牛肉	5.63
小麦	0.32	羊肉	2.23
大麦	0.81	禽肉	2.84
大豆	0.57	蛋	3.55
蔬菜	0.09	奶	1.03
大米	0.60	猪肉	2.07
水果	0.96	水产品	5.00

水资源支持能力（C_{11}）：式中 RP 为区域的人口。水资源对人类活动的支持能力（单位：人/$10^4\mathrm{m}^3$）被定义为

$$C_{11} = \frac{\mathrm{RP}}{\mathrm{WF}} \tag{4.2}$$

水资源协调基尼系数（C_{12}）：基尼系数是由意大利经济学家基尼在洛伦兹曲线基础上提出的用于判断收入分配公平程度的经济学指标。结合基尼系数的内涵，本章引入水资源协调基尼系数，如图 4.4 所示，令 EL 为绝对平均线与洛伦兹曲线之间的区域面积，D 为洛伦兹曲线下区域的面积，则根据基尼系数的定义，C_{12} 可计算为 EL/（EL+D），由图中可知 EL+D=1/2，故 C_{12}=1-2D。假设一个区域由 N 个子区域构成，子区域的排序方法为：计算每个子区域的地区生产总值与水资源量的比值，按升序对比值进行排列，从而确定子区域的顺序。为便于计算 C_{12}，采用梯形面积计算方法，计算公式如下[142]：

$$C_{12} = 1 - 2\sum_{j=1}^{N} D_j = 1 - \sum_{j=1}^{N}(x_j - x_{j-1})(y_j + y_{j-1}) \tag{4.3}$$

式中，D_j 为图 4.4 中的灰色区域的面积（其值可由 x_j，y_j，x_{j-1} 和 y_{j-1} 确定）；x_j 为第 j 个子区域的水资源量（或水资源使用量）累计百分比；y_j 为地区生产总值的累计百分比，当 j=1 时，（x_{j-1}，y_{j-1}）视为（0，0）。水资源协调基尼系数的警戒线为 0.4，当水资源协调基尼系数小于 0.2 时，水的协调性是高度或绝对相等的。当水资源协调基尼系数在 0.2 和 0.3 之间时，它意味着相对协调，当水资源协调基尼系数在 0.3 和 0.4 之间时表示水资源协调，当水资源协调基尼系数在 0.4 和 0.5 之间时表示水资源不协调，当水资源协调基尼系数在 0.5 时表示水资源高度不协调。

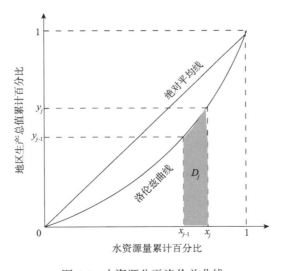

图 4.4　水资源公平洛伦兹曲线

2. 效率性指标

缺水程度（C_{21}）[143]：一个区域的缺水程度等于水足迹（WF）与区域可用天然水资源（WA）之间的比率。其基本形式为

$$C_{21} = \frac{WF}{WA} \times 100\% \qquad (4.4)$$

如果 $C_{21} > 100\%$，则该地区的水资源消耗大于水资源承载能力。如果 $C_{21} = 100\%$，则该地区的水资源消耗等于可用水资源量，处于水资源承载能力的临界点。如果 $0 < C_{21} < 100\%$，则该区域水资源消耗造成的水足迹低于当地容量，这表明用水效率相对较高。本书中将 C_{21} 分为四个层级，用于评估缺水程度：极度缺水（=1）、严重缺水（[0.4～1)）、中度缺水（[0.2～0.4)）和无缺水压力（<0.2）。

万元地区生产总值水足迹量（C_{22}）[141]：万元地区生产总值水足迹量描述了用于生产经济利润的用水效率。式中 b 为一个地区的地区生产总值，则 C_{22} 表示为

$$C_{22} = \frac{WF}{b} \qquad (4.5)$$

C_{22} 值大表明该地区生产总值发展严重依赖可见水和虚拟水，而 C_{22} 值小表示该区域正在有效利用其可用水资源。

水资源利用率（C_{23}）：式中 m_1 为一个区域内的生活用水，m_2 为一个区域内的生产用水，则水资源利用率可表示为

$$C_{23} = \frac{m_1 + m_2}{WA} \times 100\% \qquad (4.6)$$

3. 生态性指标

COD 是废水排放污染物的主要复合指标，可以选择 COD 来计算灰水足迹。人均 COD 排放量（C_{31}）为个人污染物的平均排放量。式中 T_{COD} 为区域总的 COD 排放量，则

$$C_{31} = \frac{T_{COD}}{RP} \qquad (4.7)$$

已知灰水足迹（WF_{gray}）的计算公式为

$$WF_{gray} = \frac{PL}{C_{max} - C_{nat}} \qquad (4.8)$$

其中，PL 为污染物负荷量，kg/a；C_{max} 为污染物的最大可接受浓度，kg/m³；C_{nat} 为接收水体中的自然浓度，kg/m³。但由于 WF_{gray} 只反映吸收污染所需的淡水量，因此使用灰水足迹承载力系数（C_{32}）可以更好地说明水污染压力，较高的 C_{32} 值

表示水污染压力较高。

$$C_{32} = \frac{WF_{gray}}{T_{ws}} \tag{4.9}$$

其中，T_{ws} 为区域中水资源的供应总量[144]，m^3。

生态用水率（C_{33}）：为了评价区域水资源对生态用水的支持程度，生态用水率可以定义为

$$C_{33} = \frac{m_3}{WF} \tag{4.10}$$

其中，m_3 为区域的生态用水量。

4.3.3　多目标权重优化模型

1. 犹豫模糊语言描述

评价者是具有水资源分配和评估经验的水资源管理专家，他们分别就水资源协调性指标的重要性做出判断。不同的专家有不同的认知类型和经验，这会影响他们对不同指标重要性的理解[145]。例如，在评价相同的指标时，他们可能使用不同的术语。当评价者对评价很有把握时，他倾向于给出一个肯定的答案，如"水资源支持能力是最重要的"；但当他不够确定时，可能会给出一个闭区间值，如"水资源协调基尼系数的重要程度在重要和非常重要之间"。有的评价者可能会给出一个开区间值，如"水资源短缺程度至少是重要的"，有的评价者则可能给出更复杂的回答，如"水资源利用率的重要性介于重要和极其重要之间，但很可能是非常重要"。当不熟悉某些指标时，专家很难给出自己的评价，让他一定要做出判断是不必要的。因此，本章采用犹豫模糊语言集[146]来描述专家对指标重要性的评价，这种描述方法可以更加灵活地表示语言信息且不丢失语言信息。

$S=\{S_\alpha|\alpha=-\tau,\ \cdots,\ -1,\ 0,\ 1,\ \cdots,\ \tau\}$ 是一个犹豫模糊语言集，如图 4.5 所示，当采用 7 级评价时：$S=\{S_{-3},\ S_{-2},\ S_{-1},\ S_0,\ S_1,\ S_2,\ S_3\}=\{$极其不重要，非常不重要，不重要，中度重要，重要，非常重要，极其重要$\}$。语言变量可以解释为模糊限制标签，它与一个调和函数 G_S^x 有关。在此函数中，每一个语言值都对应[0，1]中的实数。本章使用的是有 7 级评价的犹豫模糊语言集。如图 4.5 所示，调和函数 G_S^x 分别表示以下信息：$G_S^1=\{S_{-1},\ S_0\}=\{0.330,\ 0.500\}$，$G_S^2=\{S_0,\ S_1,\ S_2\}=\{0.500,\ 0.670,\ 0.830\}$，$G_S^3=\{S_{-3},\ S_{-2},\ S_{-1},\ S_0,\ S_1\}=\{0,\ 0.170,\ 0.330,\ 0.500,\ 0.670\}$，$G_S^4=\{S_{-2}\}=\{0.170\}$，$G_S^5=\{S_0,\ S_1,\ S_2,\ S_3\}=\{0.500,\ 0.670,\ 0.830,\ 1.000\}$。由于 G_S^x 的长度可能不同，为了保证可比较性，必须将较短的 G_S^x 的长度延长至所有的 G_S^x 具

有相同的长度。h^+ 和 h^- 分别是 G_S^x 中的最大值和最小值，则延长值为 $\bar{h} = \eta h^+ + (1-\eta)h^-$，本章假设所有专家都是中立的，故取 η 值为 $1/2$[109]。如表 4.2 所示，将原本的犹豫模糊语言集延长至 G_S^x 具有相同的长度。如果某位专家没有做出自己的评价，那么用其他专家给出的 G_S^x 中的值来延长该评价。例如，若 G_S^6 为空白值，则将其延长至与其他的 G_S^x 具有相同的长度，取 $G_S^6 = \{0, 0.170, 0.330, 0.500, 0.670, 0.830, 1.000\}$。

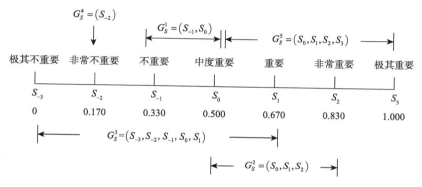

图 4.5　犹豫模糊语言集示例

表 4.2　犹豫模糊语言集的延长示例

G_S^x 初始值	G_S^x 延长后值
$G_S^1 = \{0.330, 0.500\}$	$\{0.330, 0.415, 0.415, 0.415, 0.500\}$
$G_S^2 = \{0.500, 0.670, 0.830\}$	$\{0.500, 0.670, 0.670, 0.670, 0.830\}$
$G_S^3 = \{0, 0.170, 0.330, 0.500, 0.670\}$	$\{0, 0.170, 0.330, 0.500, 0.670\}$
$G_S^4 = \{0.170\}$	$\{0.170, 0.170, 0.170, 0.170, 0.170\}$
$G_S^5 = \{0.500, 0.670, 0.830, 1.000\}$	$\{0.500, 0.670, 0.750, 0.830, 1.000\}$
G_S^6 空白	$\{0, 0.170, 0.330, 0.500, 0.670, 0.830, 1.000\}$

2. 专家权重的确定

专家权重 w_m^V 的确定很复杂，因为对每个专家的经验和知识的丰富程度都很难进行判断。已有的研究往往赋予评价者相同的权重，然而，高群体共识度和低犹豫模糊度对于评价结果的可靠性和有效性至关重要。因此，本章提出了一种优化模型，同时最大化群体共识度、最小化犹豫模糊度，从而确定评价者的权重。

首先，专家对水资源协调评价指标的重要性做出判断。用犹豫模糊语言集描述专家的判断，然后将其转换为对应的犹豫模糊数（并延长至相同的长

度 L ），表示为

$$h_{mk} = \{h_{mk}^l \mid l=1,\cdots,L, \quad m=1,\cdots,n, \quad k=1,\cdots,p\} \tag{4.11}$$

例如，假设表 4.2 中的 G_S^x 表述的是 5 位专家对某一指标的重要性评价，那么经过延长后可得到相同的长度 $L=5$。对于第 1 位专家，有 $h_{1k} = \{0.330, 0.415, 0.415, 0.415, 0.500\}$，$h_{1k}^l$ 指 h_{1k} 中第 l 位上的数值，即 $h_{1k}^1 = 0.330$，$h_{1k}^2 = 0.415$，$h_{1k}^3 = 0.415$，$h_{1k}^4 = 0.415$，$h_{1k}^5 = 0.500$。

对于指标 C_k 的重要性，h_{mk} 和 h_{uk} 之间的欧氏距离，也即专家 m 和专家 u 的评价之间的分歧程度，表示为

$$d(h_{mk}, h_{uk}) = \sqrt{\frac{1}{L} \sum_{l=1}^{L} \sum_{m=1}^{n} \sum_{u=1,u\neq m}^{n} \left(h_{mk}^l - h_{uk}^l \right)^2} \tag{4.12}$$

具有专家权重的犹豫模糊数为 $\{w_m^V h_{mk}^l \mid l=1,\cdots,L\}$，则专家 m 与专家 u 的评价的欧氏距离的加权总和为

$$\overline{d}(h_{mk}, h_{uk}) = \sqrt{\frac{1}{L} \sum_{l=1}^{L} \sum_{m=1}^{n} \sum_{u=1,u\neq m}^{n} \left(w_m^V h_{mk}^l - w_u^V h_{uk}^l \right)^2} \tag{4.13}$$

其次，为了获得具有较高确定性的评价结果，本章对专家评价的犹豫模糊度进行了测量。犹豫模糊数 h_{mk} 的平均值定义为[147]

$$\overline{h}_{mk} = \frac{1}{L} \sum_{l=1}^{L} h_{mk}^l \tag{4.14}$$

h_{mk} 的犹豫模糊度为[147]

$$\varphi_{h_{mk}} = \sqrt{\frac{1}{L} \sum_{l=1}^{L} \left[h_{mk}^l - \left(\overline{h}_{mk} \right) \right]^2} = \sqrt{\frac{1}{L} \sum_{l=1}^{L} \left[h_{mk}^l - \left(\frac{1}{L} \sum_{l=1}^{L} h_{mk}^l \right) \right]^2} \tag{4.15}$$

$\varphi_{h_{mk}}$ 和 $\varphi_{h_{uk}}$ 之间的欧氏距离，即专家 m 和专家 u 之间的犹豫模糊度之差，可以表示为

$$f(\varphi_{h_{mk}}, \varphi_{h_{uk}}) = \sqrt{\left(\varphi_{h_{mk}} - \varphi_{h_{uk}} \right)^2} \tag{4.16}$$

具有专家权重的犹豫模糊度为 $\{w_m^V \varphi_{h_{mk}}, \quad m=1,2,\cdots,n, \quad k=1,2,\cdots,p\}$，则专家 m 与专家 u 的评价的犹豫模糊度加权总和为

$$\overline{f}(\varphi_{h_{mk}}, \varphi_{h_{uk}}) = \sqrt{\left(w_m^V \varphi_{h_{mk}} - w_u^V \varphi_{h_{uk}} \right)^2} \tag{4.17}$$

为了确保最大化群体共识度的同时能最小化群体的犹豫模糊度，应确保加权后的犹豫模糊数之间的分歧度最小且犹豫模糊度的总和也最小。基于上述分析，评价结果与犹豫模糊度之间的差异最小化的优化模型为

$$
\begin{cases}
\min \displaystyle\sum_{k=1}^{p}\sum_{m=1}^{n}\sqrt{\left[\overline{d}\left(h_{mk},h_{uk}\right)-A\right]^{2}+\left[\overline{f}\left(\varphi_{h_{mk}},\varphi_{h_{uk}}\right)-B\right]^{2}} \\[2mm]
A = \min \displaystyle\sum_{k=1}^{p}\sum_{m=1}^{n}\overline{d}\left(h_{mk},h_{uk}\right) \\[2mm]
B = \min \displaystyle\sum_{k=1}^{p}\sum_{m=1}^{n}\overline{f}\left(\varphi_{h_{mk}},\varphi_{h_{uk}}\right) \\[2mm]
h_{mk}=\{h_{mk}^{l}\mid l=1,\cdots,L,\ m=1,\cdots,n,\ k=1,\cdots,p\} \\[1mm]
h_{uk}=\{h_{uk}^{l}\mid l=1,\cdots,L,\ m=1,\cdots,n,\ k=1,\cdots,p,\ u\neq m\} \\[1mm]
\displaystyle\sum_{m=1}^{n}w_{m}^{V}=1 \\[2mm]
w_{m}^{V}\geqslant 0,\ m=1,\cdots,n
\end{cases}
\tag{4.18}
$$

由模型（4.18）可以看出，目标函数旨在同时取得评价者分歧度和犹豫模糊度的最小值，故由模型可求出最优的 $w_{m}^{V}(m=1,2,\cdots,n)$ 值。

3. 指标权重的确定

指标的重要性也可以从专家给出的犹豫模糊评价中确定，如前文所述，专家对指标重要性的评价为 h_{mk}，本章采用加权平均算法来确定指标权重。

步骤 1：将各专家给出的犹豫模糊评价值延长至相同的长度。

$$h_{mk}=\{h_{mk}^{l}\mid l=1,\cdots,L,\ m=1,\cdots,n,\ k=1,\cdots,p\}$$

步骤 2：由模型（4.18）算出各专家的权重 w_{m}^{V}，得到加权且具有相同长度的犹豫模糊评价值。

$$\overline{h}_{mk}=\{w_{m}^{V}h_{mk}^{l}\mid l=1,\cdots,L,\ m=1,\cdots,n,\ k=1,\cdots,p\}$$

步骤 3：将加权且具有相同长度的犹豫模糊评价值转换为对应的三角直觉模糊数，三角直觉模糊数中的三个参数计算如下[148]。

$$\overline{u}_{k}=\sum_{m=1}^{n}\overline{h}_{mk}^{1} \tag{4.19}$$

$$\overline{v}_{k}=\sum_{m=1}^{n}\frac{1}{L-2}\left(\overline{h}_{mk}^{2}+\overline{h}_{mk}^{3}+\cdots+\overline{h}_{mk}^{L-1}\right) \tag{4.20}$$

$$\overline{\pi}_{k}=\sum_{m=1}^{n}\overline{h}_{mk}^{L} \tag{4.21}$$

步骤 4：与直觉模糊数的加权平均运算过程类似，可以计算第 k 个指标的权重为[148]

$$w_k^C = \frac{\overline{u}_k + \overline{\pi}_k(\dfrac{\overline{u}_k}{u_k + v_k})}{\sum\limits_{k=1}^{p}[\overline{u}_k + \overline{\pi}_k(\dfrac{\overline{u}_k}{u_k + v_k})]} \qquad (4.22)$$

由以上步骤，可求出不同指标的权重。

4.3.4　基于 TOPSIS 的信息集结

在本章中只有客观指标，令 x_{ik} 为第 i（$i=1,2,\cdots,r$）个区域的第 k 个指标对应的值。在多准则决策问题中，TOPSIS 可根据有限个评价对象与正理想解（positive ideal solution，PIS）、负理想解（negative ideal solution，NIS）的接近程度进行排序[149]。

步骤 1：由于 x_{ik} 有不同的量纲，首先对 x_{ik} 进行归一化计算，令其标量为 g_{ik}。

$$g_{ik} = \frac{x_{ik}}{\sqrt{\sum\limits_{i=1}^{r} x_{ik}^{2}}}, \quad i=1,2,\cdots,r \qquad (4.23)$$

步骤 2：通过 4.3.3 中的方法分别确定专家权重 w_m^V（$m=1,2,\cdots,n$）和指标权重 w_k^V（$k=1,2,\cdots,p$）。

步骤 3：构造加权的区域水资源评价矩阵 V，其中 v_{ik} 为第 i（$i=1,2,\cdots,r$）个区域的 C_k（$k=1,2,\cdots,p$）指标值经归一化且乘以指标相应权重后的值，即

$$V = \begin{bmatrix} v_{11} & v_{12} & \cdots & v_{1p} \\ v_{21} & v_{22} & \cdots & v_{2p} \\ \vdots & \vdots & & \vdots \\ v_{r1} & v_{r2} & \cdots & v_{rp} \end{bmatrix} = \begin{bmatrix} w_1^C g_{11} & w_2^C g_{12} & \cdots & w_p^C g_{1p} \\ w_1^C g_{21} & w_2^C g_{22} & \cdots & w_p^C g_{2p} \\ \vdots & \vdots & & \vdots \\ w_1^C g_{r1} & w_2^C g_{r2} & \cdots & w_p^C g_{rp} \end{bmatrix} \qquad (4.24)$$

步骤 4：在水资源协调评价指标中，记矩阵 V 中每一列的最优值和最不优值分别表示为 A^+ 和 A^-，则

$$A^+ = \{\max_i v_{i,k} \mid k=1,2,\cdots,p\} \qquad (4.25)$$

$$A^- = \{\min_i v_{i,k} \mid k=1,2,\cdots,p\} \qquad (4.26)$$

步骤 5：计算每个待评价区域与 A^+ 之间的欧氏距离。

$$S_i^+ = \sqrt{\sum\limits_{k=1}^{p} (v_{i,k} - A_k^+)^2}, \quad i=1,2,\cdots,r \qquad (4.27)$$

类似地：计算每个待评价区域与 A^- 之间的欧氏距离。

$$S_i^- = \sqrt{\sum_{k=1}^{p} (v_{i,k} - A_k^-)^2}, \ i = 1, 2, \cdots, r \qquad （4.28）$$

其中，A_k^+ 和 A_k^- 分别为数组 A^+ 和 A^- 中第 k 位的数值。

步骤 6：待评价区域 i 与最优值 A^+ 的相对贴近度计算如下。

$$R_i^+ = \frac{S_i^-}{S_i^- + S_i^+}, \ 0 < R_i^+ < 1, \ i = 1, 2, \cdots, r \qquad （4.29）$$

步骤 7：R_i^+ 可以作为区域水资源协调评价的评价分数，通过比较评价分数，可以对区域水资源的协调程度进行排序，$R_i^+ (i = 1, 2, \cdots, r)$ 值越高，则表明该区域的水资源协调程度越高。

4.4　某区域水资源协调评价案例

本节将把提出的评价方法应用于评价中国某区域的水资源协调程度。案例区域是我国相对缺水区域，一共由四个子区域构成，分别表示为城市 1、城市 2、城市 3 和城市 4。区域的地区生产总值数据来自《中国统计年鉴 2016》[150]。区域水量、不同行业分配的水资源量、废水排放量和相关的 COD 含量数据来自案例子区域（即城市 1、城市 2、城市 3 和城市 4）相应的水资源公报。

4.4.1　评价结果

决策群体由 5 名专家组成，他们具有在水利局 5 年以上的工作经验。专家判断每个指标的重要性，表 4.3 显示了 5 名专家对水资源协调指标重要性的犹豫模糊判断。无论是清晰的描述，还是区间值等形式，他们的评论都可以转换为对应的犹豫模糊数。如表 4.3 所示，犹豫模糊语言集的长度是不一致的，首先用 4.3.3 中的扩展方法，对较短的犹豫模糊语言集进行延长，使它们具有相同的长度。

表 4.3　专家对水资源协调指标重要性的犹豫模糊判断

指标	专家 1	专家 2	专家 3	专家 4	专家 5
C11	（0.67）	（0.50）	（0.67）	（0.33, 0.50, 0.67）	（0.67, 0.83）
C12	（0.83）	（0.50）	（0.33, 0.50）	（0.67）	（0.50, 0.67）
C21	（0.50）	（0.67）	（0.67, 0.83）	（0.50, 0.67）	（0.83, 1.00）
C22	（0.33, 0.50, 0.67）	（0.33, 0.50）	（0.67）	（0.67）	（0.50, 0.67）

指标	专家 1	专家 2	专家 3	专家 4	专家 5
C23	（0.33）	（0.50，0.67）	（0.83）	（0.83）	（0.50，0.67）
C31	（0.50）	（0.50，0.67，0.83）	（0.83）	（0.50，0.67）	（0.83，1.00）
C32	（0.50，0.67）	（0.67）	（0.67，0.83，1.00）	（0.67）	（0.83，1.00）
C33	（0.50，0.67，0.83）	（0.50）	（0.67）	（0.33）	（0.33，0.50，0.67）

如表 4.4 所示，根据模型（4.18）可求得 5 位专家各自的权重为 $w_m^V=\{0.1809,$ $0.2387, 0.1839, 0.2198, 0.1766\}$，对应地，该群体的加权分歧度 $\overline{d}(h_{mk}, h_{uk})=2.2607$，加权犹豫模糊度为 $\overline{f}(\varphi_{h_{mk}}, \varphi_{h_{uk}})=0.7377$，然后使用 TOPSIS 方法集结出最终的评价结果 R_i^+，可得到城市 1、城市 2、城市 3 和城市 4 的水资源协调评价等级分别为 Ⅳ、Ⅲ、Ⅰ、Ⅱ；而直接赋予 5 位专家相同权重 $w_m^{IV}=0.2$，$m=1,\cdots,5$，所得群体的加权分歧度为 $\overline{d}'(h_{mk}, h_{uk})=2.4731$，加权犹豫模糊度为 $\overline{f}'(\varphi_{h_{mk}}, \varphi_{h_{uk}})=0.8147$，使用 TOPSIS 方法集结出最终的评价结果 $R_i'^+$，可得到城市 1、城市 2、城市 3 和城市 4 的水资源协调评价等级分别为 Ⅲ、Ⅳ、Ⅰ、Ⅱ。由于 $\overline{d}(h_{mk}, h_{uk}) < \overline{d}'(h_{mk}, h_{uk})$，$\overline{f}(\varphi_{h_{mk}}, \varphi_{h_{uk}}) < \overline{f}'(\varphi_{h_{mk}}, \varphi_{h_{uk}})$，即对于由模型（4.18）得到的结果，群体具有更小的分歧度及对结果有更高的肯定度，故由本章提出的最小化分歧度–最小化犹豫模糊度模型方法得到的 $R_i'^+$ 比直接赋予专家相同权重的方法得到的 R_i^+ 更具说服力。

表 4.4　最小化分歧度–最小化犹豫模糊度模型与直接赋予专家相同权重的水资源协调评价结果对比

地区	最小化分歧度–最小化犹豫模糊度模型水资源协调评价结果		地区	直接赋予专家相同权重的水资源协调评价结果	
	R_i^+	对应排序		$R_i'^+$	对应排序
城市 1	0.4524	Ⅳ	城市 1	0.4533	Ⅲ
城市 2	0.4526	Ⅲ	城市 2	0.4519	Ⅳ
城市 3	0.6375	Ⅰ	城市 3	0.6365	Ⅰ
城市 4	0.5173	Ⅱ	城市 4	0.5708	Ⅱ
$\overline{d}(h_{mk}, h_{uk})$	2.2607*		$\overline{d}'(h_{mk}, h_{uk})$	2.4731	
$\overline{f}(\varphi_{h_{mk}}, \varphi_{h_{uk}})$	0.7377*		$\overline{f}'(\varphi_{h_{mk}}, \varphi_{h_{uk}})$	0.8147	

*代表最优值

4.4.2　对策建议

当 R_i^+ 的值在 0 和 0.2 之间时，区域水资源高度不协调；当该值在 0.2 和 0.4

之间时，区域水资源不协调；当该值在 0.4 和 0.6 之间时，区域水资源相对协调；当该值在 0.6 和 0.8 之间时，区域水资源协调；当该值在 0.8 和 1.0 之间时，区域水资源高度协调。因此，由表 4.4 可知，城市 1、城市 2、城市 4 的水资源状况是相对协调的，而城市 3 的水资源状况是协调的。案例分析区域的水资源协调简要情况，如表 4.5 所示。

表 4.5　案例分析区域的水资源协调简要情况

指标	城市 1	城市 2	城市 3	城市 4
万元地区生产总值水足迹量/（m³/万元）	42	46	82	117
灰水足迹承载力系数	908	433	111	153
水资源协调基尼系数	0.3059	0.3273	0.3304	0.2456
生态用水率	11.1900%	5.0200%	2.6900%	2.7300%
人均 COD 排放量/（m³/万人）	40.0828	66.1332	55.0469	48.7096

根据水资源协调评价结果，为这四个地区提供实用的提高水资源协调程度的建议如下。

（1）城市 3 的水资源协调评价得分最高。但是，其万元地区生产总值水足迹量很高，这表明城市 3 的用水效率有待提高。此外，城市 3 的生态用水率仅为 2.6900%，是四个地区中最低的。用玉米或其他需水较少的农作物代替水密集型作物（如水稻、小麦等）是提高用水效率的一项有效措施，并应在生态用水上给予更多支持。城市 3 应强化水利基础设施投资并且总结有效的水资源管理经验，以减少在渠道或管道运输中的水资源损失，或通过减少水分蒸发来减少水资源的流失。

（2）城市 4 的情况与城市 3 相似。在四个地区中，城市 4 的万元地区生产总值水足迹量最高，而生态用水率仅 2.7300%。城市 4 应大力发展节约用水的农业项目，同时，应提高居民的水资源保护意识。

（3）城市 1 重视生态环境的保护，然而，其较高的总废水排放量导致了较高的灰水足迹承载力系数。城市 1 拥有先进的技术，通过应用水资源相关的新技术和制度管理策略，城市 1 的生态用水率最高。城市 1 应更加重视减少废水排放量，这有助于其提高水资源协调程度。

（4）城市 2 的水资源相对匮乏。城市 2 应重点关注减少人均 COD 排放量，因为城市 2 的人均 COD 排放量比市 1 的更高，而实际上城市 1 比城市 2 的城市化程度、居民消费水平高。城市 2 应引进新的节水技术和水资源管理策略等，此外，还应采取有效措施治理水污染问题。

对于其他的缺水地区，专家可以制订科学合理的计划以实现区域性的调水，包括虚拟水和可见水的调取。本章强调在水资源协调过程中，我们应关注虚拟水的转移和水足迹理论的应用，因为在某些地区，由于复杂的地质条件难以建立输送可见水的管道，而通过优化当前的产业结构或修建道路，可以减少水足迹，并且虚拟水的引进既具有可行性，又能节省修建运输管道等的时间。

4.5　本 章 小 结

通过使用犹豫模糊语言集，本章提高了决策群体对水资源协调指标重要性判断的灵活性。本章的主要贡献是基于水资源协调的视角，同时考虑可见水和虚拟水，在建立水资源协调评价指标体系时，还考虑了与水足迹有关的指标，使得评价体系更加全面。以我国某地区的四个城市作为案例分析，并针对各区域的水资源协调评价结果提出了实用的改进建议。

本章引入犹豫模糊语言集以描述决策群体对水资源协调指标重要性的看法，犹豫模糊语言集同样适用于其他的应用情景。本章提出的最小化分歧度—最小化犹豫模糊度模型不仅适用于区域水资源协调评价，还可以应用于其他带有犹豫模糊语言判断的多属性决策问题。

第5章 基于优先级的模糊多目标水资源调配评价

5.1 水资源调配评价问题背景

水资源短缺在许多国家造成了极端混乱[151]。由于经济发展、城市化加速及人民生活水平的提高,有必要确保对可用水资源进行优化配置。如绪论所述,虽然我国水资源总量居世界第6位,但人均水资源量仅为世界平均水平的1/4,这表明我国水资源严重短缺[152]。此前已经确定,提取或利用的河流水资源不应超过40%;然而,在中国的一些地区,水资源的利用率已经超过了合理开发的限度[153],如黄河、淮河、海河水资源利用率均超过了50%,海河水资源利用率甚至达到了95%[154]。尽管海河流域出现了超采水量现象,但人均水资源只有311 m^3,是全国平均水平的1/7。2013年,海河流域水资源总量102.8亿 m^3,耗水量137.7亿 m$^{3[155]}$。特别是"十三五"期间,中国城镇化和工业化快速发展,给我国的水资源配置带来了重大挑战。因此,传统的水资源管理方法无法解决不同地区、不同部门的用水矛盾,由此产生了水资源短缺、需水量大、生态压力大、环境污染严重等问题。

过去几十年来,水资源开发问题的研究引起了重大关注,国际水调配问题也有很多深入的研究[156-161]。例如,Hillman 等[156]利用水文变化/范围指标评估了当前水调配对 Yakima(雅琪玛)河自然流量状况的影响;Roozbahani 等[157]通过考虑经济、社会等因素,建立了模拟 Sefid Rud(萨非德)河可持续水调配的数学模型;环境方面,Niayifar 和 Perona[158]提出了水调配政策,以提高 Maggia(马贾)河储水系统的全局效率;Bangash 等[159]设计了一项水管理策略,以平衡农业用水用户的供需;Sapkota 等[160]分析了各种混合供水系统的影响,并将其概括为集中和分散供水系统的组合;Hsien 等[161]提出了一种方法,根据这种方法可以对不同的水质、不同的水和废水类型进行分类调配。

此外, 对中国特定地区和行业的 WRDA 问题也是研究重点[31,126,162-166]。例如, Hu 和 Eheart[162]采用对数线性水资源调配机制, 实现对用水者的用水比例进行公平调配; Hu 等[163]提出了控制曲江流域水资源调配公平和经济效率的数学模型; Zeng 等[164]提出了西咸湿地生态系统区域可持续性规划的水环境管理模型; Chen 等[165]提出了基于水资源有效性和可靠性的协同优化框架实施的数学公式; Chen 等[31]提出了基于可信度的机会约束层次规划模型用于区域水系统可持续性规划; Jiang 等[166]提出了一种新的基于上层建筑的工业园区供水系统综合方法, Li 等[126]建立了黑河流域中游合理灌溉配水方案识别的随机多目标非线性规划模型。这些研究表明, 此类大型引水工程的 WRDA 是一个综合决策问题[167], 因为它依赖于经常发生冲突的经济、社会和自然方面[168]。

MOP 能够结合多个冲突目标函数。许多学者成功地使用 MOP 方法, 利用权重和 Pareto 方法等处理水资源问题[168,169]。然而, 这些方法无法反映实际情况或者取得适用的效果, 特别是对于大型水利工程系统, 其中存在着较大的不确定性, 水资源情景更加复杂化。此外, 区域 WRDA 规划现在强调可持续发展, 必须合理化用水结构, 以节约生态用水[170]。一般而言, 其他用水部门, 特别是灌溉部门, 大大减少了生态水的供应[171]。生态缺水问题被认为是优化的关键目标。

WRDA 问题也存在许多不可避免的不确定性, 如水资源可用性[169]、河流径流[172]和经济参数[173]。考虑 WRDA 不确定性的必要性已得到广泛认可[174], 因此, 为解决这些不确定性问题, 学者应用了若干不确定条件下的优化调配模型, 如随机数学方法[175,176]和模糊理论[125,177]。然而, 在实际的水资源配置问题中, 决策者往往遇到混合不确定环境, 其不精确性和复杂性不能用简单的模糊 (主观) 变量或随机 (客观) 变量来处理[178], 模糊性和随机性必须同时考虑。因此, 以往对区域社会生态经济环境 (society-ecology-economy-environment, SEEE) 系统的研究存在以下几个局限: ①传统的多目标处理方法与区域 SEEE 系统没有联系; ②复杂不确定性没有同时用模糊性和随机性来解决。

与以往的研究相比, 本章的主要贡献如下: ①从公共/独立水资源调度和多个受水区不同用水户多时段的水资源分配两个方面同时解决 WRDA 问题; ②建立了一个基于优先级的 SEEE-MOP 框架, 该框架由基于 PSR 的 TOPSIS 定性评价方法和 MOP 定量模型组成, 并采用模糊随机变量更好地描述不确定决策环境; ③建立了灵活、可操作的 WRDA 方案, 可根据 SEEE 系统和水资源状况扩展到不同的受水区, 因此更适用。

5.2 水资源调配评价问题描述

如图 5.1 所示，WRDA 问题具有多个时段。案例分析区域有公共水资源。其中，调水工程能够为各个分区提供水资源；每个分区的独立水资源只向其所属的分区供水；共有四个用水部门——生活用水、工业用水、农业用水和生态用水部门。因此，需要确定的是每个时期应调度或分流到每个分区的公共/独立水资源量，以及每个时期应分配到每个部门的水量。

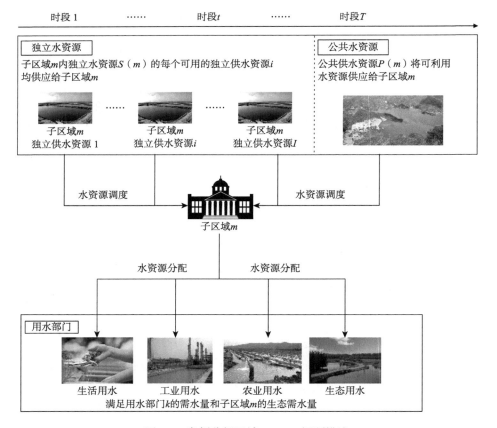

图 5.1 案例分析区域 WRDA 问题描述

WRDA 的关键问题是：①需要考虑哪些目标，以及在实际情况下如何处理这些不同的目标；②如何用数学方法描述大型 WRDA 系统中固有的混合不确定性。

5.2.1　模糊多目标问题描述

案例分析区域面临以下几个问题：①该地区是中国最干旱的地区之一，缺水严重；②经济和人口快速增长导致生活和工业部门的用水需求增加，供水压力加大；③水污染非常严重，因为每天有大量未经处理的污水排入流域河流，大多数工业废水没有得到处理；④由于不加控制地使用地下水，地下水位大幅下降。这些问题都影响到可持续发展的四个重点领域：社会、经济、环境和生态状况。如前所述，WRDA 计划旨在实现水资源的可持续利用，保障社会、经济、环境和生态的和谐发展[179]。为此，本章从社会效益、经济效益、环境污染和生态缺水四个方面进行优化研究。

MOP 是处理这类复杂问题的有效方法。许多目标方法此前已应用于水资源规划和管理[180-182]，其中一种最常用的方法是给定权重法，该方法根据每个目标的重要性为目标分配给定权重。通过目标与权重的线性组合，将多目标问题转化为单目标问题。这种转换的主要缺点是目标权重是主观预先分配的，因此，如果决策者没有足够的经验，实际解和期望解之间会有很大的差距。对于这类多目标问题，另一种可以为决策者提供各种参考解的方法是不预先指定权重，这种方法所确定的解称为 Pareto 最优解。由于 Pareto 最优解的数量往往不是唯一的，决策者可以从 Pareto 最优解中选择一个满足要求的解[183]。事实上，在现实情况下，决策者通常会先尝试完成最重要的目标，然后再优化其他目标。因此，采用基于 PSR 的 TOPSIS 评价方法，对案例分析地区的社会、经济、环境和生态状况的不同目标进行排序，并将 MOP 模型转化为可解的 GP 模型。由于所得结果更加因地制宜，因此其比传统的多目标WRDA 方法更适用。

5.2.2　混合不确定性评价环境

在实践中，相关的资源配置问题存在两类不确定性：一类是决策者基于经验和理论知识的主观判断产生的内部非概率不确定性；另一类是来自现实客观环境，不依赖于决策者的外部概率不确定性。例如，需水量、产品价格、任务时间和天气[70,174]的非概率不确定性是通过模糊方法解决的。模糊方法被定义为从可能性空间到实数的映射[184]，其实用性得以证实，并在许多研究中采用[185,186]；外部概率不确定性采用随机理论方法进行处理[187,188]。由于在大多数实际问题中都涉及非概率及概率的混合不确定，双重不确定变量能够更好地描述决策中的不确定现象。涉及不确定的理论基础可见本书 3.3 节。

WRDA 中的主要不确定性与可用公共和独立水资源的波动有关[189]。案例分析区域的水资源管理部门的任务是有效地将稀缺的水资源调配给各个部门。由于未来河流流量因季度河流流量的变化而不确定，在量化这些未来水流不确定性之前，无法调配任何资源。通过对受水区数十年来历史季度径流量的分析，可以将季度径流量分为三个不同级别：高水位（H）、中水位（M）、低水位（L）。根据历史数据，计算每季度河流流入各水位的概率，即（p_1, p_2, p_3）。通过分析每个级别的范围，专家可以估计每个级别的上边界（a_1, a_2, a_3）和下边界（c_1, c_2, c_3）及最可能的值（b_1, b_2, b_3）[190]。因此，三个水位（H, M, L）的季度径流量可表示为三角模糊随机变量[118]。如图 5.2 所示，研究区域的季度河流流量为典型的模糊随机变量 $\tilde{\tilde{\zeta}}$。

$$
\tilde{\tilde{\zeta}} =
\begin{cases}
\tilde{\tilde{\zeta}}_H = (a_1, b_1, c_1)\ , & \text{概率为 } p_1 \\
\tilde{\tilde{\zeta}}_M = (a_2, b_2, c_2)\ , & \text{概率为 } p_2 \\
\tilde{\tilde{\zeta}}_L = (a_3, b_3, c_3)\ , & \text{概率为 } p_3
\end{cases}
\tag{5.1}
$$

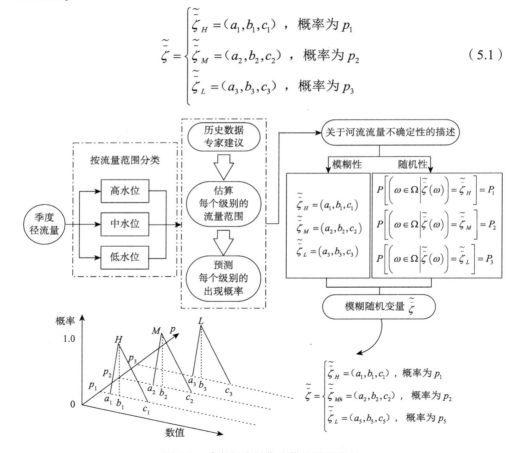

图 5.2　季度径流量作为模糊随机变量

5.3　基于优先级的多目标评价方法

为了解决上述案例分析地区的不确定 WRDA 问题，本章建立了一个多目标模型，并应用了优先级确定方法。首先，MOP 是通过综合社会、经济、环境和生态优化目标以及水资源可用性和需求约束制定的，并采用 EVO 和机会约束规划（chance constrained programming, CCP）将不确定的 MOP 模型转化为清晰的 MOP 模型。其次，采用基于 PSR 多属性评价体系的优先级确定方法和基于 TOPSIS 的排序技术来确定各目标的优先级。最后，基于 MOP 和优先级确定方法建立了基于 GP 的模型。基于优先级的多目标评价方法的结构，如图 5.3 所示。

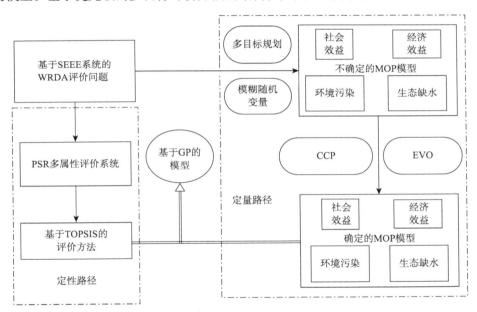

图 5.3　基于优先级的多目标评价方法结构

5.3.1　模糊多目标建模

本节介绍案例分析区域的假设、符号、目标函数、约束条件和多目标模型。

1. 假设

在建立水资源调配模型之前，首先进行了以下假设。

A_1：各调水区域既有公共水资源，又有独立的水资源。公共水资源来自总的调水工程，独立水资源来自单个水库和地下水。

A_2：本章考虑的时间跨度为 1 年，即 4 个季度，每个季度算作一个时段。生活、工业和生态需水量在每个季度均匀分布，农业需水量在每个季度的分布具体取决于农业用水所处阶段[191]。

A_3：不考虑极端洪水或干旱，因此，假设供水系统能够通过预测和预警有效控制水旱灾害，并具有适当的控制能力，以确保供水系统能够恢复到正常状态[192]。

2. 符号

集合和索引

i	水资源指标（$i=1,2,\cdots,I$）
j	主要污染物指标（$j=1,2,\cdots,J$）
m	子区域指标（$m=1,2,\cdots,M$）
t	时段指标（$t=1,2,\cdots,T$）
k	用水部上标（$k=1,2,\cdots,K$）
$S(m)$	上标，表示 m 子区域独立的水资源
$P(m)$	上标，表示 m 子区域公共的水资源

决策变量

$x_{imt}^{S(m),k}$	独立水资源 i 在 t 时段分配给 m 子区域 k 用水部门的水量（万 m³）
$x_{imt}^{P(m),k}$	公共水资源 i 在 t 时段分配给 m 子区域 k 用水部门的水量（万 m³）
$x_{imt}^{S(m),\mathrm{Eco}}$	独立水资源 i 在 t 时段分配给 m 子区域的生态用水量（万 m³）
$x_{imt}^{P(m),\mathrm{Eco}}$	公共水资源 i 在 t 时段分配给 m 子区域的生态用水量（万 m³）

参数

b_{mt}^{k}	t 时段 m 子区域 k 用水部门单位用水量的净经济效益
p_{mj}^{k}	m 子区域 k 用水部门排放污染物 j 的浓度
$W_{mkt}^{\min}$	t 时段 m 子区域 k 用水部门的最低需水量（万 m³）
$W_{mkt}^{\max}$	t 时段 m 子区域 k 用水部门的最高需水量（万 m³）
$W_{mt}^{\min,\mathrm{Eco}}$	t 时段 m 子区域生态用水的最低需水量（万 m³）
$W_{mt}^{\max,\mathrm{Eco}}$	t 时段 m 子区域生态用水的最高需水量（万 m³）

模糊随机变量

$\widetilde{\overline{D}}_{mt}^{k}$	t 时段 m 子区域 k 用水部门的预测需水量（万 m³）
$\widetilde{\overline{D}}_{mt}^{\mathrm{Eco}}$	t 时段 m 子区域生态用水的需水量（万 m³）
$\widetilde{\overline{W}}_{imt}^{S(m)}$	t 时段独立水资源 i 可分配给 m 子区域的水量（万 m³）
$\widetilde{\overline{W}}_{imt}^{P(m)}$	t 时段公共水资源 i 可分配给 m 子区域的水量（万 m³）

3. 目标函数

为了确定最佳的水资源配置目标，需要考虑以下目标：社会、经济、环境和生态。

（1）社会效益。决策者希望将各子区域的总缺水量降到最低，以实现最大的社会效益。由于方程中包含模糊随机变量 $\widetilde{\overline{D}}_{mt}^{k}$，故采用双 EVO（即 $E_d[\cdot]$）来处理模糊随机变量 $\widetilde{\overline{D}}_{mt}^{k}$。首先，使用模糊期望值将模糊随机变量转换为模糊数[118]，然后使用 Heilpern[193]提出的理论将模糊数转换为可计算值。因此，社会效益目标 f_1 可以表示为

$$\min_{x_{imt}^{S(m)},x_{imt}^{P(m)}} f_1 = \sum_{t=1}^{T}\sum_{m=1}^{M}\sum_{k=1}^{K}\left[E_d[\widetilde{\overline{D}}_{mt}^{k}] - \left(\sum_{i=1}^{S(m)} x_{imt}^{S(m),k} + \sum_{i=1}^{P(m)} x_{imt}^{P(m),k}\right)\right] \tag{5.2}$$

（2）经济效益。经济目标是使水资源配置总利润最大化，其计算方法是从总经济利润中扣除供水总成本。因此，无论时间价值如何，经济目标 f_2 为

$$\max_{x_{imt}^{S(m)},x_{imt}^{P(m),k}} f_2 = \sum_{t=1}^{T}\sum_{m=1}^{M}\sum_{k=1}^{K}\left[\sum_{i=1}^{S(m)} b_{mt}^{k} x_{imt}^{S(m),k} + \sum_{i=1}^{P(m)} b_{mt}^{k} x_{imt}^{P(m),k}\right] \tag{5.3}$$

（3）环境污染。为达到最佳环境目标，决策者希望将主要污染物总量最小化，通常包括 COD、总氮（total nitrogen，TN）、总磷（total phosphorus，TP）和铵态氮（ammonium nitrogen，$NH_3\text{-}N$）。因此，环境目标 f_3 为

$$\min_{x_{imt}^{S(m),k},x_{imt}^{P(m),k}} f_3 = \sum_{m=1}^{M}\sum_{k=1}^{K}\sum_{j=1}^{J} p_{mj}^{k} \sum_{t=1}^{T}\left(\sum_{i=1}^{S(m)} x_{imt}^{S(m),k} + \sum_{i=1}^{P(m)} x_{imt}^{P(m),k}\right) \tag{5.4}$$

（4）生态缺水。生态目标是使生态缺水总量最小化。将模糊随机变量 $\widetilde{\overline{D}}_{mt}^{\text{Eco}}$ 纳入方程式中，因此也可应用 EVO 进行处理。生态目标 f_4 为

$$\min_{x_{imt}^{S(m),\text{Eco}},x_{imt}^{P(m),\text{Eco}}} f_4 = \sum_{t=1}^{T}\sum_{m=1}^{M}\left[E_d[\widetilde{\overline{D}}_{mt}^{\text{Eco}}] - \left(\sum_{i=1}^{S(m)} x_{imt}^{S(m),\text{Eco}} + \sum_{i=1}^{P(m)} x_{imt}^{P(m),\text{Eco}}\right)\right] \tag{5.5}$$

4. 约束条件

模型有三个制约因素：水资源的可利用性、用水需求和非负性。

（1）水资源的可利用性限制。对于所有子区域和所有时段的所有独立水资源，总耗水量低于独立水资源的可用水量。

$$\sum_{k=1}^{K} x_{imt}^{S(m),k} + x_{imt}^{S(m),\text{Eco}} < \widetilde{\overline{W}}_{imt}^{S(m)}, \quad \forall i,t,m \tag{5.6}$$

类似地，对于公共水资源，有

$$\sum_{k=1}^{K} x_{imt}^{P(m),k} + x_{imt}^{P(m),\text{Eco}} < \widetilde{\widetilde{W}}_{imt}^{P(m)}, \quad \forall i,t,m \tag{5.7}$$

在约束（5.6）和约束（5.7）中有模糊随机变量。从技术上讲，决策者不能严格保证随机事件 $\sum_{k=1}^{K} x_{imt}^{S(m),k} + x_{imt}^{S(m),\text{Eco}}$ 和 $\sum_{k=1}^{K} x_{imt}^{P(m),k} + x_{imt}^{P(m),\text{Eco}}$ 分别不超过 $\widetilde{\widetilde{W}}_{imt}^{S(m)}$ 和 $\widetilde{\widetilde{W}}_{imt}^{P(m)}$。在这种情况下，决策者必须选择满意解而不是最优解。因此，他们根据一定的概率做出决定。在这种情况下，Charnes 和 Cooper[194]提出的 CCP 可以作为有用的工具。CCP 的思想是必须在一定程度上满足约束，即在可能性 δ 的条件下，相应随机事件的概率 θ 最大。δ 和 θ 是预先确定的置信水平，代表了决策者的安全边界。由于 CCP 算法操作简单，能够灵活地反映决策者对不确定环境的态度，在许多不确定决策问题中得到了广泛的应用。因此，采用 CCP 在预定的置信水平（δ_1, θ_1）下将模糊随机约束（5.6）转换为清晰约束（5.8）。CCP 也适用于约束（5.7）。

$$\Pr\left\{ \omega \,\middle|\, \Pr\left\{ \sum_{k=1}^{K} x_{imt}^{S(m),k} + x_{imt}^{S(m),\text{Eco}} < \widetilde{\widetilde{W}}_{imt}^{S(m)} \right\} \geqslant \theta_1 \right\} \geqslant \delta_1, \quad \forall i,t,m \tag{5.8}$$

$$\Pr\left\{ \omega \,\middle|\, \Pr\left\{ \sum_{k=1}^{K} x_{imt}^{P(m),k} + x_{imt}^{P(m),\text{Eco}} < \widetilde{\widetilde{W}}_{imt}^{P(m)} \right\} \geqslant \theta_2 \right\} \geqslant \delta_2, \quad \forall i,t,m \tag{5.9}$$

其中，θ_1, θ_2, δ_1, δ_2 为预定义的置信水平，这意味着不确定约束转化为可计算约束。

（2）用水需求限制。对于 m 子区域的所有部门，应满足最低需水量，以确保基本使用和发展。同时，包括生态用水在内的各部门用水调配均不超过最大期望值。因此，我们有以下用水需求限制。

$$W_{mkt}^{\min} \leqslant \sum_{i=1}^{S(m)} x_{imt}^{S(m),k} + \sum_{i=1}^{P(m)} x_{imt}^{P(m),k} \leqslant W_{mkt}^{\max}, \quad \forall t,m,k \tag{5.10}$$

$$W_{mt}^{\min,\text{Eco}} \leqslant \sum_{i=1}^{S(m)} x_{imt}^{S(m),\text{Eco}} + \sum_{i=1}^{P(m)} x_{imt}^{P(m),\text{Eco}} \leqslant W_{mt}^{\max,\text{Eco}}, \quad \forall t,m \tag{5.11}$$

（3）非负性限制。所有决策变量均应是非负值，即

$$x_{imt}^{S(m),k}, x_{imt}^{P(m),k}, x_{imt}^{S(m),\text{Eco}}, x_{imt}^{P(m),\text{Eco}} \geqslant 0, \quad \forall i,m,t,k \tag{5.12}$$

5. 多目标模型

基于目标函数、约束条件和上述的方法，求解这一 WRDA 问题的多目标模型为

$$
\left\{
\begin{array}{l}
\displaystyle \min_{x_{imt}^{S(m),k},\, x_{imt}^{P(m),k}} f_1 = \sum_{t=1}^{T}\sum_{m=1}^{M}\sum_{k=1}^{K}\left[E_d\!\left[\widetilde{\widetilde{D}}_{mt}^{k}\right] - \left(\sum_{i=1}^{S(m)} x_{imt}^{S(m),k} + \sum_{i=1}^{P(m)} x_{imt}^{P(m),k}\right)\right] \\[6mm]
\displaystyle \max_{x_{imt}^{S(m),k},\, x_{imt}^{P(m),k}} f_2 = \sum_{t=1}^{T}\sum_{m=1}^{M}\sum_{k=1}^{K}\left[\sum_{i=1}^{S(m)} b_{mt}^{k} x_{imt}^{S(m),k} + \sum_{i=1}^{P(m)} b_{mt}^{k} x_{imt}^{P(m),k}\right] \\[6mm]
\displaystyle \min_{x_{imt}^{S(m),k},\, x_{imt}^{P(m),k}} f_3 = \sum_{m=1}^{M}\sum_{k=1}^{K}\sum_{j=1}^{J} p_{mj}^{k} \sum_{t=1}^{T}\left(\sum_{i=1}^{S(m)} x_{imt}^{S(m),k} + \sum_{i=1}^{P(m)} x_{imt}^{P(m),k}\right) \\[6mm]
\displaystyle \min_{x_{imt}^{S(m),\mathrm{Eco}},\, x_{imt}^{P(m),\mathrm{Eco}}} f_4 = \sum_{t=1}^{T}\sum_{m=1}^{M}\left[E_d\!\left[\widetilde{\widetilde{D}}_{mt}^{\mathrm{Eco}}\right] - \left(\sum_{i=1}^{S(m)} x_{imt}^{S(m),\mathrm{Eco}} + \sum_{i=1}^{P(m)} x_{imt}^{P(m),\mathrm{Eco}}\right)\right] \\[6mm]
\text{s.t.} \\[2mm]
\displaystyle \Pr\!\left\{\omega \mid \Pr\!\left\{\sum_{k=1}^{K} x_{imt}^{S(m),k} + x_{imt}^{S(m),\mathrm{Eco}} < \widetilde{\widetilde{W}}_{imt}^{S(m)}\right\} \geqslant \theta_1\right\} \geqslant \delta_1, \quad \forall i,t,m \\[6mm]
\displaystyle \Pr\!\left\{\omega \mid \Pr\!\left\{\sum_{k=1}^{K} x_{imt}^{P(m),k} + x_{imt}^{P(m),\mathrm{Eco}} < \widetilde{\widetilde{W}}_{imt}^{P(m)}\right\} \geqslant \theta_2\right\} \geqslant \delta_2, \quad \forall i,t,m \\[6mm]
\displaystyle W_{mkt}^{\min} \leqslant \sum_{i=1}^{S(m)} x_{imt}^{S(m),k} + \sum_{i=1}^{P(m)} x_{imt}^{P(m),k} \leqslant W_{mkt}^{\max}, \quad \forall t,m,k \\[6mm]
\displaystyle W_{mt}^{\min,\mathrm{Eco}} \leqslant \sum_{i=1}^{S(m)} x_{imt}^{S(m),\mathrm{Eco}} + \sum_{i=1}^{P(m)} x_{imt}^{P(m),\mathrm{Eco}} \leqslant W_{mt}^{\max,\mathrm{Eco}}, \quad \forall t,m \\[4mm]
x_{imt}^{S(m),k},\, x_{imt}^{P(m),k},\, x_{imt}^{S(m),\mathrm{Eco}},\, x_{imt}^{P(m),\mathrm{Eco}} \geqslant 0, \quad \forall i,m,t,k
\end{array}
\right.
\tag{5.13}
$$

5.3.2　优先级确定方法

模型（5.13）中有四个优化目标，需要确定它们的优先级。根据当地情况，优先考虑目前状况更严峻、更重要的目标。该方法由 PSR 多属性评价体系和基于 TOPSIS 的评价方法组成。首先建立 PSR 水资源安全评价体系，对社会、经济、环境和生态目标的水资源优先权进行评价，然后应用 TOPSIS 方法确定不同属性的权重，并对优化目标的优先级进行排序。

1. PSR 属性评价体系

如本书 2.3 节所述，PSR 系统提供了一种监测环境和经济状况的机制[195]。PSR 系统还为生态风险过程中的调查和分析提供了一个框架。它已在国际上具有突出表现，并可应用于国家、区域、地方和其他更低层级的部门分析。它已成功应用于许多方面，如森林管理[196]、渔业[197]和水安全[198]。因此，本章建立了 PSR 水资源安全评价体系，涵盖了反映研究区域水安全状况的指标[33,198]。

压力子系统是指在社会、经济和环境中可能对系统安全产生压力的决定性因素；状态子系统是指社会、经济、环境和生态属性的系统状态；响应子系统用于测试在采取各种措施改善水资源安全时，系统对社会和经济属性的灵敏性和适应性[33]。

选择这些社会/生态/经济/环境属性的合理性体现在 4 个方面：①构建评价指标体系的原则，包括代表性原则、整体性原则、可量化原则、可比性原则和易操作性原则[199]；②PSR 系统可灵活分解为 3 个子系统；③以往的水生态、社会经济和水环境评价指标体系是重要的参考[33,198]；④这些指标在实际调查的基础上反映了当地的水安全状况。PSR 属性评价体系和分类级别，如表 5.1 所示。

表 5.1　PSR 评价属性和分类级别

指标子体系	相关因素	评价属性	指标含义	单位
压力	社会属性	水资源发展程度（I_1）	水资源开发利用程度	%
压力	经济属性	万元地区生产总值水资源消耗量（I_2）	经济用水消耗水平	m³/万元
压力	环境属性	污染物入河比例（I_3）	废水污染物排放情况	t/10^4m³
状态	社会属性	水资源供需平衡指数（I_4）	水资源供需平衡状态	%
状态	经济属性	人均地区生产总值（I_5）	总体经济状态	万元/人
状态	环境属性	环境用水消耗比例（I_6）	环境用水安全状态	%
状态	生态属性	生态用水消耗比例（I_7）	生态用水安全状态	%
响应	社会-经济属性	水利投资率（I_8）	水利投资状态	%

2. 基于 TOPSIS 的评价方法

TOPSIS 方法利用多属性问题中的 PIS 和 NIS 对计划集进行排序[200]。如表 5.1 所示，有 3 个属性用于评估社会目标的优先级，因此，属性集为 I_1、I_4、I_8。假设案例分析区域中有 M 个子区域。该区域的社会优先权确定可以看作在三维空间中处理的 M 个点。评估方法是找出各子区域之间的欧氏距离[201]。TOPSIS 评价方法框架描述如下。

（1）建立决策矩阵。评估矩阵包含 3 个属性和 M 个子区域。

$$\begin{bmatrix} a_{11} & a_{12} & a_{13} \\ a_{21} & a_{22} & a_{23} \\ \vdots & \vdots & \vdots \\ a_{M1} & a_{M2} & a_{M3} \end{bmatrix}, \quad m=1,\cdots,M, \quad n=1,2,3 \tag{5.14}$$

其中，a_{mn} 为 m 子区域的第 n 个属性的值。

（2）归一化评估矩阵。使用以下转换公式将所有属性转换为无量纲属性。

$$r_{mn} = \frac{a_{mn}}{\sqrt{\sum_{m=1}^{M} a_{mn}^2}} \tag{5.15}$$

其中，a_{mn} 通过评估不同属性下的子区域来确定。

（3）加权归一化矩阵。p_{mn} 为子区域信息在属性 j 中的概率[202]，计算公式如下：

$$p_{mn} = \frac{a_{mn}}{\sum_{m=1}^{M} a_{mn}}$$

根据统计力学公式，$\sum_{m=1}^{M} p_{mn} \ln p_{mn}$ 定义为熵。为确保 $0 \leqslant \sum_{m=1}^{M} p_{mn} \ln p_{mn} \leqslant 1$，选择常数 $-1/\ln m$ 作为测量单位，选择的对数基数对应于测量信息的单位[202]。因此，第 n 个属性的归一化结果集的子区域熵如下：

$$E_n = -\frac{1}{\ln m} \sum_{m=1}^{M} p_{mn} \ln p_{mn} \tag{5.16}$$

权重向量 $W_n = (w_1, w_2, w_3)$ 的公式如下：

$$w_n = \frac{1 - E_n}{\sum_{n=1}^{3} (1 - E_n)} \tag{5.17}$$

其中，$1 - E_n$ 为第 n 个属性的结果所涉及的信息多样性程度。因此，加权归一化评估矩阵为

$$V = \begin{bmatrix} v_{11} & v_{12} & v_{13} \\ v_{21} & v_{22} & v_{23} \\ \vdots & \vdots & \vdots \\ v_{m1} & v_{m2} & v_{m3} \end{bmatrix} = \begin{bmatrix} w_1 r_{11} & w_2 r_{12} & w_3 r_{13} \\ w_1 r_{21} & w_2 r_{22} & w_3 r_{23} \\ \vdots & \vdots & \vdots \\ w_1 r_{m1} & w_2 r_{m2} & w_3 r_{m3} \end{bmatrix} \tag{5.18}$$

（4）确定 PIS 和 NIS。假设有两个子区域 A^+（PIS），A^-（NIS），则

$$A^+ = \{\max v_{mn} | n \in \{1,2,3\}\} = \{v_1^+, v_2^+, v_3^-\}$$
$$A^- = \{\min v_{mn} | n \in \{1,2,3\}\} = \{v_1^-, v_2^-, v_3^+\} \tag{5.19}$$

其中，A^+ 在每个属性下具有最佳值，A^- 在每个属性下具有最差值。由于 A^+ 中的第 1 个和第 2 个属性为正，第 3 个属性为负，因此 v_1 和 v_2 取最大值，v_3 取最小值。该方法比较了每个子区域与 PIS 的相对接近度，子区域与 PIS 的欧氏距离越近，子区域的社会优先值越好；反之，子区域与 NIS 的欧氏距离越远，子区域的社会优先值越差。

（5）计算欧氏距离。子区域和 PIS 之间的欧氏距离是

$$S_m^+ = \sqrt{\sum_{n=1}^{2}(v_{mn} - v_n^+)^2 + (v_{m3} - v_3^-)^2}$$ （5.20）

类似地，子区域和 NIS 之间的欧氏距离是

$$S_m^- = \sqrt{\sum_{n=1}^{2}(v_{mn} - v_n^-)^2 + (v_{m3} - v_3^+)^2}$$ （5.21）

（6）计算每个子区域与 PIS 之间的相对贴近度。

$$C_m^+ = \frac{S_m^-}{S_m^- + S_m^+}, \quad 0 < C_m^+ < 1, \quad m \in (1, 2, \cdots, M)$$ （5.22）

（7）根据 C_m^+ 对子区域的社会优先值进行排序。如果 $A_n = A^+$，则 $C_m^+ = 1$，反之 $C_m^+ = 0$，即如果 A^+ 和 A^- 存在，它们分别是最佳子区域和最差子区域。通过对 C_m^+ 进行降序排列，则子区域的社会优先值也会降序排列。

（8）确定受水区的社会优先值。

$$C_1^+ = \frac{1}{M}\sum_{m=1}^{M}C_m^+$$ （5.23）

其中，C_1^+ 为受水区社会优先权的评价得分。采用基于 TOPSIS 的评价方法，对受水区的经济 C_2^+、环境 C_3^+ 和生态 C_4^+ 进行了排序。最后，通过对 $C_1^+, C_2^+, C_3^+, C_4^+$ 按降序排列，即可将四个目标的优先级从高到低进行排序。

3. 基于 GP 的模型

对于一般的 GP 模型，在约束条件和实现函数中引入偏差变量，提高了优化模型（5.13）的灵活性。在 GP 原理的基础上，将总缺水量（d_1^+, d_1^-）、调配利润（d_2^+, d_2^-）、主要污染物总量（d_3^+, d_3^-）和生态缺水量（d_4^+, d_4^-）的偏差变量添加到目标函数中，使模型（5.13）生成更多的情景。通过求解 GP 模型，调整上述偏差变量的权重，确定不同情况下的最优 WRDA 方案，不同的偏差变量对应不同的最优结果。根据我国当局和水利部门的研究，在制订 WRDA 计划时，根据优化目标的优先顺序设定了一些目标。

（1）这一时段的总缺水量（f_1）不能超过期望的总缺水量（$\hat{f}_1$）。

（2）这一时段的总经济利润（f_2）不能小于期望的总经济利润（$\hat{f}_2$）。

（3）这一时段的主要污染物总量（f_3）不能超过预计的主要污染物总量（$\hat{f}_3$）。

（4）这一时段的生态缺水量（f_4）不能超过预计的生态缺水量（$\hat{f}_4$）。

因此，通过集成模型（5.13）和评估系统，可以将模型（5.13）转换为 GP 模型，如式（5.24）所示：

$$\begin{cases} Z = P_1 d_1^+ + P_2 d_2^- + P_3 d_3^+ + P_4 d_4^+ \\ \text{s.t.} \begin{cases} f_1 + d_1^- - d_1^+ = \widehat{f}_1 \\ f_2 + d_2^- - d_2^+ = \widehat{f}_2 \\ f_3 + d_3^- - d_3^+ = \widehat{f}_3 \\ f_4 + d_4^- - d_4^+ = \widehat{f}_4 \\ \Pr\left\{\omega \,|\, \Pr\left\{\sum_{k=1}^{K} x_{imt}^{S(m),k} + x_{imt}^{S(m),\text{Eco}} < \widetilde{\widetilde{W}}_{imt}^{S(m)}\right\} \geqslant \theta_1\right\} \geqslant \delta_1, \quad \forall i,t,m \\ \Pr\left\{\omega \,|\, \Pr\left\{\sum_{k=1}^{K} x_{imt}^{P(m),k} + x_{imt}^{P(m),\text{Eco}} < \widetilde{\widetilde{W}}_{imt}^{P(m)}\right\} \geqslant \theta_2\right\} \geqslant \delta_2, \quad \forall i,t,m \\ W_{mkt}^{\min} \leqslant \sum_{i=1}^{S(m)} x_{imt}^{S(m),k} + \sum_{i=1}^{P(m)} x_{imt}^{P(m),k} \leqslant W_{mkt}^{\max}, \quad \forall t,m,k \\ W_{mt}^{\min,\text{Eco}} \leqslant \sum_{i=1}^{S(m)} x_{imt}^{S(m),\text{Eco}} + \sum_{i=1}^{P(m)} x_{imt}^{P(m),\text{Eco}} \leqslant W_{mt}^{\max,\text{Eco}}, \quad \forall t,m \\ x_{imt}^{S(m),k}, x_{imt}^{P(m),k}, x_{imt}^{S(m),\text{Eco}}, x_{imt}^{P(m),\text{Eco}} \geqslant 0, \quad \forall i,m,t,k \end{cases} \end{cases} \tag{5.24}$$

其中，d_m^+ 和 d_m^- 为相应目标的正偏差和负偏差；f_m 和 $\widehat{f}_m$ 为相应目标 f_m 的期望目标值；P_m 为相应目标的优先级。在任何条件下，高阶目标比低阶目标更重要[203]，$m=\{1, 2, 3, 4\}$。如果 $C_m < C_r$，则 $P_m > P_r$；如果 $C_m \sim C_r$，则 $P_m \sim P_r$（m，$r=\{1, 2, 3, 4\}$，$m \neq r$）。

例如，如果应用本节中的方法，得到 $C_1 = 0.3$，$C_2 = 0.3$，$C_3 = 0.2$，$C_4 = 0.5$，则 $P_3 > P_1 \sim P_2 > P_4$，即当环境目标优先于社会和经济目标时，生态目标的优先级最低。在当地条件或政策发生变化时，当局能够很容易地调整优先事项，做出考虑周全和客观的决定。

5.4　某区域水资源调配评价算例

本节将基于优先级的多目标方法应用于基于某真实流域的 WRDA 算例，验证方法和模型的适用性与有效性。

5.4.1　算例地区描述

该算例所处的流域区域属于中国严重缺水的地区，其年平均降水量低于 500 mm，年降水量分布极度不均，且年际变化大。该区域主要水源为淡化海水、再生雨水、地表水、地下水和外来河流调水，地下水是当地最重要的供水水源。本算例结合了具有相似供水条件、水资源开发和利用的县域水资源配置分区。假设流域区域 WRDA 系统受水区包括 5 个分区，分别记为城市 1、城市 2、城市 3、城市 4 和城市 5。本算例考虑了生态用水、生活用水、农业用水和工业用水这 4 个主要用水部门，规划期限为 1年，分为 4 个季度，包括 4 个关键污染物指标——COD、TN、TP、NH$_3$-N[165]，算例研究区域的排放物浓度，如表 5.2 所示。水资源需求量和单位净经济效益，如表 5.3 和表 5.4 所示。由于很难获得可用水资源和预计需水量的准确值，其中混杂了非概率和概率不确定，视可用水资源 $\widetilde{\widetilde{W}}_{imt}^{S(m)}$ 和 $\widetilde{\widetilde{W}}_{imt}^{P(m)}$ 为模糊随机变量。由于这种情况与预测的需水量相似，因此采用三角模糊随机变量来反映不确定和复杂的 WRDA 问题环境。

表 5.2　水资源中污染物浓度（单位：mg/L）

污染物	城市 1			城市 2			城市 3		
	农业用水	工业用水	生活用水	农业用水	工业用水	生活用水	农业用水	工业用水	生活用水
COD	58.08	99.00	225.86	59.79	98.53	228.74	59.51	96.56	232.07
TN	19.46	57.54	38.96	19.58	61.14	39.78	19.31	57.57	39.92
TP	4.96	4.92	4.98	5.05	5.05	4.94	4.90	5.08	5.01
NH$_3$-N	38.20	49.95	39.80	39.25	48.81	40.72	39.19	47.98	38.99

污染物	城市 4			城市 5					
	农业用水	工业用水	生活用水	农业用水	工业用水	生活用水			
COD	59.76	97.70	224.94	58.20	99.90	222.18			
TN	19.18	58.38	38.56	19.40	57.36	38.92			
TP	4.79	4.76	5.00	4.77	4.96	4.92			
NH$_3$-N	39.68	48.50	38.00	38.24	49.95	38.28			

注：生态用水无污染物，所以本表未列出数据

表 5.3　水资源需求量（单位：10^{6}m^3）

供水区域	用水部门	时段 1		时段 2		时段 3		时段 4	
		最低需求	最高需求	最低需求	最高需求	最低需求	最高需求	最低需求	最高需求
城市 1	生活用水	54.60	96.89	57.29	102.63	47.13	105.24	41.58	102.89
	工业用水	38.43	73.33	44.27	78.64	36.69	85.61	33.36	79.18
	农业用水	92.43	136.03	333.14	525.01	366.09	495.69	69.42	80.37
	生态用水	2.97	5.52	3.11	5.68	2.74	5.83	2.49	5.59
城市 2	生活用水	37.78	74.31	41.50	68.19	34.70	75.90	29.92	71.42
	工业用水	25.80	48.85	29.19	50.64	24.86	51.25	22.75	50.86
	农业用水	102.01	154.40	384.11	563.66	402.91	558.23	76.75	92.52
	生态用水	2.06	3.94	2.38	4.01	1.94	4.16	1.77	4.08

续表

供水区域	用水部门	时段 1		时段 2		时段 3		时段 4	
		最低需求	最高需求	最低需求	最高需求	最低需求	最高需求	最低需求	最高需求
城市 3	生活用水	77.19	154.43	85.98	143.52	68.13	160.46	63.87	148.11
	工业用水	44.16	96.39	55.51	93.46	45.02	95.18	39.83	94.81
	农业用水	166.69	265.52	625.05	946.24	665.40	875.23	129.42	138.65
	生态用水	33.97	70.50	41.23	65.00	32.10	75.12	30.28	70.40
城市 4	生活用水	54.16	111.34	69.42	112.19	52.07	110.50	49.32	108.77
	工业用水	43.94	90.03	54.95	89.46	42.79	97.10	41.30	86.32
	农业用水	172.76	265.63	606.14	995.15	652.48	929.50	127.95	149.96
	生态用水	3.03	6.08	3.73	6.42	2.83	6.36	2.62	6.17
城市 5	生活用水	19.47	38.52	22.50	37.08	18.98	41.41	15.86	39.30
	工业用水	14.43	29.09	17.06	29.74	14.24	32.09	12.86	29.71
	农业用水	103.96	154.07	396.79	600.35	437.44	552.54	79.03	84.17
	生态用水	1.67	3.30	2.03	3.25	1.61	3.46	1.45	3.44

表 5.4　水资源单位净经济利润（单位：元/m³）

供水区域	生活用水				工业用水				农业用水			
	时段 1	时段 2	时段 3	时段 4	时段 1	时段 2	时段 3	时段 4	时段 1	时段 2	时段 3	时段 4
城市 1	47.92	44.33	45.52	48.63	78.43	73.02	78.45	73.90	45.11	52.58	38.08	36.67
城市 2	43.72	43.70	45.65	41.77	82.85	75.35	81.44	79.27	45.43	54.27	41.80	38.03
城市 3	41.62	42.10	41.81	40.53	71.97	68.69	70.18	72.10	39.50	47.37	36.35	35.97
城市 4	41.09	44.27	43.83	42.45	67.84	68.05	69.59	68.88	38.15	45.37	32.73	34.29
城市 5	37.89	37.98	40.15	40.56	70.96	66.93	71.65	67.47	46.37	54.48	37.65	36.58

5.4.2　不同情景下的结果

本节通过三种不同的情景来模拟不同的决策环境，并验证了所提出方法的有效性。

第一种情景（S1）根据拟议的方法设计，并与 MOP 的制定和优先权确定方法相结合；第二种情景（S2）根据假设设计，即区域当局优先考虑社会经济目标而不是生态环境目标，即 S2 有两个优先级，社会经济目标是第一优先级，生态环境目标是第二优先级；第三种情景（S3）的设计基于这样一种假设，即区域当局将生态环境目标优先于社会经济目标，因此，也有两个优先级，生态环境目标是第一优先级，社会经济目标是第二优先级。应用模型（5.24）对不同情景进行模拟，并通过 MATLAB R2010a 得到不同情景下的相应解。

（1）情景 S1：基于提出的优先级确定方法，得到了评估结果，如表 5.5 所示。根据 C_m^+ 平均值排序，确定了社会、经济、环境和生态四个目标的优先顺序。如

表 5.5 所示，$C_4^+ > C_2^+ > C_3^+ > C_1^+$，因此 $P_4 > P_2 > P_3 > P_1$，即生态目标，优于经济目标，优于环境目标，优于社会目标，这也符合决策时更自然地优先考虑最关键区域的情况。利用 MATLAB R2010a 得到相应的解：社会效益 $f_1 = 3159.58 \times 10^6 \, \text{m}^3$，经济效益 $f_2 = 441\,020.50 \times 10^6$ 元，环境污染 $f_3 = 2\,506\,006.00$ t，生态缺水 $f_4 = 23.39 \times 10^6 \, \text{m}^3$。调水工程的详细 WRDA 计划，如图 5.4 和表 5.6 所示。调水工程的总供水量预计为 $9799.32 \times 10^6 \, \text{m}^3$，其中，生态用水 $358.31 \times 10^6 \, \text{m}^3$，生活用水 $1569.01 \times 10^6 \, \text{m}^3$，工业用水 $1283.07 \times 10^6 \, \text{m}^3$，农业用水 $6588.93 \times 10^6 \, \text{m}^3$。因此，农业是用水量最大的部门，占调水工程总供水量的 67.24%，而生态是用水量最小的部门，只占调水工程总供水量的 3.66%。从受水分区来看，城市 1、城市 2、城市 3、城市 4、城市 5 的用水量分别为 $1984.13 \times 10^6 \, \text{m}^3$、$1322.82 \times 10^6 \, \text{m}^3$、$2962.00 \times 10^6 \, \text{m}^3$、$2299.46 \times 10^6 \, \text{m}^3$ 和 $1230.91 \times 10^6 \, \text{m}^3$，其中，城市 3 用水量最高，为调水工程总供水量的 30.23%，城市 5 用水量最低，仅为调水工程总供水量的 12.56%。公共水源供水总量 $2375.77 \times 10^6 \, \text{m}^3$，独立水源供水总量 $7423.55 \times 10^6 \, \text{m}^3$。

表 5.5　情景 S1 下的优先权评价结果

子区域	社会目标	经济目标	环境目标	生态目标
	C_1^+	C_2^+	C_3^+	C_4^+
城市 1	0.7983	0.7339	0.6337	0.7411
城市 2	0.6907	0.6404	0.664	0.6805
城市 3	0.6179	0.7655	0.7084	0.7708
城市 4	0.6411	0.6514	0.6388	0.7200
城市 5	0.6303	0.6657	0.7966	0.6801
均值	0.6757	0.6914	0.6883	0.7185

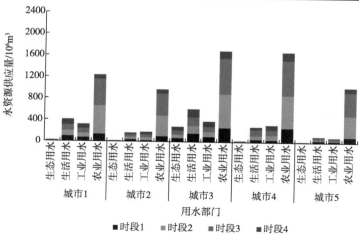

图 5.4　情景 S1 下案例分析受水区域的水资源供应结构

表 5.6　情景 S1 下理想的水资源调配（单位：$10^6\,\text{m}^3$）

供水区域	用水部门	时段 1	时段 2	时段 3	时段 4
城市 1	生态用水	5.52	5.68	5.83	5.59
	生活用水	96.89	102.63	105.24	102.89
	工业用水	73.33	78.64	85.61	79.18
	农业用水	136.03	525.01	495.69	80.37
城市 2	生态用水	3.94	4.01	4.16	4.08
	生活用水	37.78	50.62	43.98	29.92
	工业用水	25.80	50.64	51.25	50.86
	农业用水	102.01	384.11	402.91	76.75
城市 3	生态用水	70.50	65.00	75.12	70.40
	生活用水	154.43	143.52	160.46	148.11
	工业用水	96.39	93.46	95.18	94.81
	农业用水	265.52	625.05	665.40	138.65
城市 4	生态用水	6.08	6.42	6.36	6.17
	生活用水	54.16	69.42	110.50	49.32
	工业用水	43.94	89.46	97.10	86.32
	农业用水	265.63	606.14	652.48	149.96
城市 5	生态用水	3.30	3.25	3.46	3.44
	生活用水	38.52	22.50	32.26	15.86
	工业用水	29.09	17.06	32.09	12.86
	农业用水	103.96	396.79	437.44	79.03

（2）情景 S2：在这种情景下，管理部门将社会经济目标优先于生态环境目标，即 $P_1 \sim P_2 > P_3 \sim P_4$。利用 MATLAB R2010a 得到相应的解：社会效益 $f_1 = 752.83 \times 10^6\,\text{m}^3$，经济效益 $f_2 = 548\,946.20 \times 10^6$ 元，环境污染 $f_3 = 3\,180\,313.00$ t，生态缺水 $f_4 = 38.14 \times 10^6\,\text{m}^3$。调水工程的详细 WRDA 计划，如图 5.5 和表 5.7 所示。调水工程的总供水量预计为 $12\,191.32 \times 10^6\,\text{m}^3$。其中，生态用水为 $343.56 \times 10^6\,\text{m}^3$，生活用水为 $1903.10 \times 10^6\,\text{m}^3$，工业用水为 $1381.74 \times 10^6\,\text{m}^3$，农业用水为 $8562.92 \times 10^6\,\text{m}^3$。因此，农业用水量最高，为调水工程总供水量的 70.24%，生态用水量最低，为调水工程总供水量的 2.82%。从受水分区来看，城市 1、城市 2、城市 3、城市 4、城市 5 的用水量分别为 $1984.13 \times 10^6\,\text{m}^3$、$1876.42 \times 10^6\,\text{m}^3$、$3478.27 \times 10^6\,\text{m}^3$、$3170.98 \times 10^6\,\text{m}^3$ 和 $1681.52 \times 10^6\,\text{m}^3$，其中，城市 3 的用水量最高，为调水工程总供水量的 28.53%，城市 5 的用水量最低，为调水工程总供水量的 13.79%。公共水源供水总量为 $4190.15 \times 10^6\,\text{m}^3$，独立水资源供水量为 $8001.17 \times 10^6\,\text{m}^3$。与 S1 下的目标值相比，S2 下相应的生态、环境目标值更差，主要污染物排放量呈现增长趋势，生态缺水更为明显，这表明环境和生态目标受到更为严重的影响；相反，经

济效益有所增长，社会缺水危机得到缓解，但这是建立在总供水量大规模增加的基础上，尤其是公共水源引水量急剧增加，占总量的 28.18%。另外，每个子区域对优先级的变化表现出不同的灵敏性。例如，城市 1 的水供应量保持不变，城市 2、城市 3、城市 4、城市 5 的水供应量呈现不同程度的增长趋势。

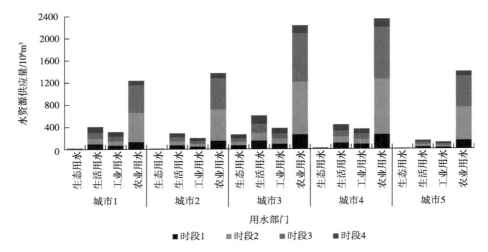

图 5.5　情景 S2 下案例分析受水区域的水资源供应结构

表 5.7　情景 S2 下理想的水资源调配（单位：$10^6 \, \text{m}^3$）

供水区域	用水部门	时段 1	时段 2	时段 3	时段 4
城市 1	生态用水	5.52	5.68	5.83	5.59
	生活用水	96.89	102.63	105.24	102.89
	工业用水	73.33	78.64	85.61	79.18
	农业用水	136.03	525.01	495.69	80.37
城市 2	生态用水	3.94	4.01	4.16	4.08
	生活用水	74.31	68.19	75.90	71.42
	工业用水	48.85	50.64	51.25	50.86
	农业用水	154.40	563.66	558.23	92.52
城市 3	生态用水	70.50	65.00	60.37	70.40
	生活用水	154.43	143.52	160.46	148.11
	工业用水	96.39	93.46	95.18	94.81
	农业用水	265.52	946.24	875.23	138.65
城市 4	生态用水	6.08	6.42	6.36	6.17
	生活用水	111.34	112.19	110.50	108.77
	工业用水	90.03	89.46	97.10	86.32
	农业用水	265.63	995.15	929.50	149.96

续表

供水区域	用水部门	时段 1	时段 2	时段 3	时段 4
城市 5	生态用水	3.30	3.25	3.46	3.44
	生活用水	38.52	37.08	41.41	39.3
	工业用水	29.09	29.74	32.09	29.71
	农业用水	154.07	600.35	552.54	84.17

（3）情景 S3：在这种情景下，管理部门将生态环境目标优先于社会经济目标，即 $P_3 \sim P_4 > P_1 \sim P_2$。利用 MATLAB R2010a 得到相应的解：社会效益 $f_1=4987.730 \times 10^6 \text{ m}^3$，经济效益 $f_2=344\ 019.300 \times 10^6$ 元，环境污染 $f_3=2\ 117\ 314.000$ t，生态缺水 $f_4=34.326 \times 10^6 \text{ m}^3$。调水工程的详细 WRDA 计划，如图 5.6 和表 5.8 所示。调水工程总供水量预计为 $7960.234 \times 10^6 \text{ m}^3$，其中，生态用水 $347.374 \times 10^6 \text{ m}^3$，生活用水 $941.450 \times 10^6 \text{ m}^3$，工业用水 $681.440 \times 10^6 \text{ m}^3$，农业用水 $5989.970 \times 10^6 \text{ m}^3$。其中，农业用水量最高，为调水工程总供水量的 75.25%，生态用水量最低，为调水工程总供水量的 4.36%。从受水分区来看，城市 1、城市 2、城市 3、城市 4、城市 5 的用水量分别为 $1231.930 \times 10^6 \text{ m}^3$、$1226.840 \times 10^6 \text{ m}^3$、$2347.270 \times 10^6 \text{ m}^3$、$1990.114 \times 10^6 \text{ m}^3$ 和 $1164.080 \times 10^6 \text{ m}^3$。在这些子区域中，城市 3 是用水量最高的子区域，为调水工程总供水量的 29.49%，城市 5 的用水量最低，为调水工程总供水量的 14.62%。公共水源供水总量为 $341.010 \times 10^6 \text{ m}^3$，独立水资源供水总量为 $7619.224 \times 10^6 \text{ m}^3$。与 S2 相比，S3 的环境和生态目标较好，社会和经济目标较差。

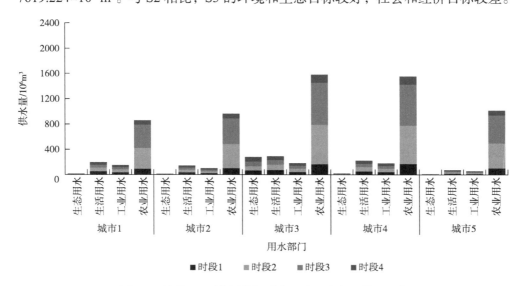

图 5.6 情景 S3 下案例分析受水区域的水资源供应结构

表 5.8　情景 S3 下理想的水资源调配（单位：$10^6 \, \text{m}^3$）

供水区域	用水部门	时段 1	时段 2	时段 3	时段 4
城市 1	生态用水	2.970	3.110	5.830	5.590
	生活用水	54.60	57.290	47.130	41.580
	工业用水	38.430	44.270	36.690	33.360
	农业用水	92.430	333.140	366.090	69.420
城市 2	生态用水	3.940	2.380	4.160	4.080
	生活用水	37.780	41.500	34.700	29.920
	工业用水	25.80	29.190	24.860	22.750
	农业用水	102.010	384.110	402.910	76.750
城市 3	生态用水	70.500	65.000	75.120	70.400
	生活用水	77.190	85.980	68.130	63.870
	工业用水	44.160	55.510	45.020	39.830
	农业用水	166.690	625.050	665.400	129.420
城市 4	生态用水	3.884	6.420	6.360	6.170
	生活用水	54.160	69.420	52.070	49.320
	工业用水	43.940	54.950	42.790	41.300
	农业用水	172.760	606.140	652.480	127.950
城市 5	生态用水	3.300	3.250	3.460	1.450
	生活用水	19.470	22.500	18.980	15.860
	工业用水	14.430	17.060	14.240	12.860
	农业用水	103.960	396.790	437.440	79.030

5.4.3　对策建议

上述解决方案说明了所提出方法的有效性。通过计算和比较分析，得出了一些政策和管理建议。

（1）社会和经济目标比环境和生态目标更容易受到优先级变化的影响，因此在可能的情况下，水资源管理部门应尽量减少对社会和经济目标的调整。如图 5.7 所示，当提高社会优先级时，社会目标得到极大的改善。例如，当社会优先级在 S1 下为第四优先级时，社会目标（总缺水量）为 $3159.58 \times 10^6 \, \text{m}^3$；当社会优先级和经济优先级在 S2 下同处第一优先级时，总缺水量减少到 $752.83 \times 10^6 \, \text{m}^3$，仅是 S1 总缺水量的 23.83%；当社会优先级和经济优先级在 S3 下同为第二优先级时，总缺水量迅速增加到 $4987.73 \times 10^6 \, \text{m}^3$，这分别是 S1 和 S2 的缺水量的 1.58 倍和 6.63 倍。对于经济目标也可以得出类似的结论。例如，在 S1 条件下，当经济优先级为第二优先级时，经济效益为 4410.205×10⁸ 元；在 S2 条件下，当经济优先级和社会优先级并列为第一优先级时，经济效益增加到 5489.462×10⁸ 元，是 S1 经济效益的 1.24 倍；在 S3 条件下，当经济优先级和社会优先级为同等第一优先级时，经济效益降低为 3440.193×10⁸ 元，几乎使 S2 下的经济效益下降了近 40%。因此，社会和经济目标对优先级的变化更为敏感。

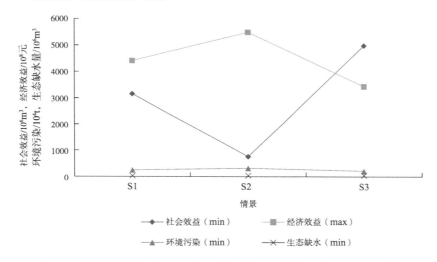

图 5.7　不同情景下的社会效益、经济效益、环境污染和生态缺水情况

（2）用水部门对不断变化的情况有不同的灵敏性，水资源管理部门应制定相应的措施保障农业和生活用水部门的用水稳定性。图 5.8 显示了不同情景下各部门的水资源调配比例。在所有情景中，农业部门的用水调配比例最高，从 S1 到 S3 持续增加，表明农业用水调配相对稳定。从 S1 变为 S2 时，农业部门用水比例从 67.24% 上升到 70.24%；从 S2 变为 S3 时，农业部门用水比例从 70.24% 上升到 75.25%。在 S1、S2 与 S3 中，生活用水的用水调配比例都排在第二位，然而，这一比例从 S1 到 S3 呈现逐渐下滑的趋势。从 S1 变为 S2 时，生活用水的用水调配所占比例从 16.01% 下降到 15.61%，从 S2 变为 S3 时，所占比例降低至 11.83%，这说明不同情景对生活用水调配影响不大。工业用水的用水调配比例在 S1、S2 与 S3 中排名第三。从 S1 变为 S2 时，工业用水的用水调配所占比例从 13.09% 下降到 11.3%，从 S2 变为 S3 时，所占比例降低至 8.56%。各情景的生态用水调配比例基本相同。从 S1 变为 S2 时，生态用水的用水调配比例由 3.66% 降低至 2.81%，由 S2 变为 S3 时，用水调配比例由 2.81% 上升至 4.36%。综上所述，在所有情况下，生态和生活用水调配相对稳定，然而，农业和工业用水调配各不相同。

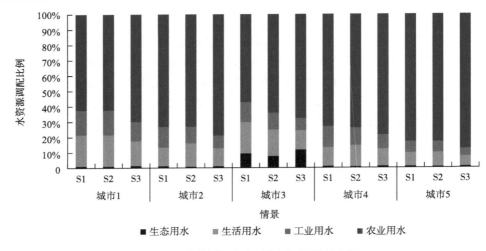

图 5.8　不同情景下子区域水资源调配比例

　　（3）城市 3 和城市 4 是流域区域 WRDA 计划中用水量最高的城市，因此应采用现代先进的水资源管理技术，进一步优化、提升这两座城市的用水效率。在 S1、S2 与 S3 情景下，城市 3 的耗水量最高，占比分别为 30.23%、28.53% 与 29.49%；从 S1 到 S2 情景下，生活和工业用水量保持不变，生态用水量下降，农业用水量大幅增加；而在 S3 情景下，生态和生活用水的调配比例增加，农业用水的调配量由 2225.64×10^6 m^3 降低至 1586.56×10^6 m^3，下滑百分比达到 28.71%，导致在 S3 情景下城市 3 水资源调配总量大幅减少。城市 4 是在 S1、S2 和 S3 情景下第二高的用水子区域。在 S1、S2 和 S3 情景下，城市 4 用水量占比分别为 23.47%、26.01% 和 25.00%。城市 3 和城市 4 总供水量在 S1、S2 和 S3 情景下的占比之和都超过了 50%，表明这两个城市是流域区域主要的用水子区域。S1 和 S2 对城市 1 水资源调配影响不大，但 S3 对城市 1 总水资源调配，尤其是对生活和农业用水的用水调配影响显著。城市 2 与城市 5 的水资源调配计划在 S1 与 S3 情景下基本稳定，受 S2 影响的变化较为明显，其中，城市 2 在 S3 情景下的工业用水资源调配比 S2 情景下减少近 50%，城市 5 在 S2 情景下的生活用水资源调配比 S1 情景下增长 43.22%。

5.5　本　章　小　结

　　针对调水工程中的 WRDA 问题，本章提出了一种基于优先级的多目标方法，利用模糊随机变量描述模型中的混合不确定性。为了确定社会效益、经济效益、环境污染和生态缺水的目标优先级，采用了多准则方法。该方法应用于一个实际的调水工程 WRDA 问题。基于不同的优先级，所得到的 WRDA 方案能够根据区域条件进行调整，因此比传统的加权和基于 Pareto 的多目标 WRDA 方法更能获得因地制宜的结果。

第6章 带混合不确定性的水资源开发项目可持续性风险评价

6.1 水资源开发可持续性风险问题背景

水电是最重要的可再生能源之一。在所有可再生能源中，水力发电最多，占全球电力生产的 16%[204,205]。在我国，水电是仅次于煤炭的第二大常规能源资源，我国把水能资源作为能源战略和能源安全的积极发展领域，强调在贯彻全面协调、统筹兼顾、保护生态、发挥综合效益原则的基础上，实现人与自然和谐相处，促进经济社会可持续发展[205]。"十二五"规划纲要明确提出："在保护生态的前提下积极发展水电。"国家发展和改革委员会《产业结构调整指导目录（2011 年本）》已将水电列为鼓励发展的产业。

如果应用得当，水电还可对供水、灌溉、防洪和防凌起到积极作用。尽管水电具有许多优点，但是作为水电建设项目，尤其是大型水电项目，会对河道、河流形态和流量产生不利影响，如河道蓄水、流量减少或水位过高，甚至可能会导致栖息地和水生生物多样性丧失[206]。政府和公众对这些不利影响的关注增加，人们更加重视可持续水电发展，以促进经济发展、保护环境和社会公平[207]。因此，人们越来越关注可持续性及其含义。一般而言，可持续性被定义为在不危及子孙后代需求的情况下满足现代生活的需求[208]。

可持续发展是一个涵盖环境、经济和社会的多层面概念[209]。在环境方面，可持续性意味着保护和加强环境系统的生产与更新能力；在经济方面，可持续性意味着在确保自然资源和相关服务质量的同时，最大限度地利用当前和未来的经济发展净收益；在社会方面，可持续性意味着改善生活质量和健康状况，并确保获得必要的资源，以创造一种可以保障人们平等和自由权的环境。风险是指某些不利事件发生的机会，这种不利事件在组织中因决策或承诺而产生，并导致不确定性和风险敞口[210]。可持续性具有多面性，可持续性风险是出于对环境、经济和社会造成的风险考虑。可持续性风险是新兴的风险领域，也是 21 世纪的关键风险领域之一。在应对可持续性风险方面，可持续性风险管理的三个维度不是独立的，并且具有显著的关联，因此可持续性风险管理具有三重底线，即财务绩效、环境绩效和社会责任绩效。由于各个维度之间的相互作用，风险管理人员需要最大化三个维度，以实现最优的三重底线。尽管风险管理者自 20 世纪 70 年代以来就一直在关注环境风险，但自 1990 年以来，人们对环境问题的关注日益增加，这表明可持续性风险的水平预期在 20 世纪内增加[211]。

水资源开发项目的可持续性风险评价是一种多维的评价，已成为学术界讨论的热点。自从世界水坝委员会（在世界银行和世界自然保护联盟的指导下成立的组织）呼吁就大型水坝做出更多的跨学科和可持续的决策后，由美国国家科学基金会资助的大坝综合评估模型（integrative dam assessment modeling，IDAM）得以建立。IDAM 方法基于可持续发展项目，并平衡了生物物理、社会经济和地缘政治系统的需求[212]。Tullos 等基于 IDAM，提供有关怒江文化、经济、水文政治和环境的原始数据，研究结果说明了地理隔离在加剧水电开发脆弱性方面的重要作用[213]。近年来，学者重视环境、社会和经济稳定性，从多角度对水资源开发项目进行分析[214-216]。考虑到可持续性的环境、社会和经济之间的多重目的而导致目标冲突的问题，多准则分析（multi-criteria analysis，MCA）适用于水资源开发项目的可持续性评估。MCA 也是一种评估方法，它根据一组评估标准，根据不同参与者的目的对不同的替代方案进行比较和评估，类似于第 3 章所介绍的多属性决策方法。

我国水电可持续发展战略非常强调科学规划、开展水利资源调查，制订了优先发展主要流域水电建设的战略规划，逐步形成了金沙江、雅砻江、大渡河、乌江、长江上游、南盘江红水河、澜沧江、黄河上游、黄河中游等十三大水电基地。并且根据生态管理的要求，我国重视生态保护和移民安置。水电可持续评价主要包括：①通过战略环境评价（strategic environmental assessment，SEA）参与流域水电规划，规避自然保护区、风景名胜区、少数民族重要宗教设施等环境敏感因素；对流域开发的累积性和叠加性影响进行评估，对流域开发生态环境保护措施进行规划。②通过项目环境影响评价（environmental impact assessment，EIA），评估项目建设对环境的影响，采取措施减缓工程建设可能带来的不利影响，确保水电开发与人和自然的和谐共处[205]。

通过 MCA 方法，可以明确地展示所使用水资源开发项目的经济、环境和社会影响之间的定量关系，并充分考虑其开发目标之间的权衡与取舍[217]。最常用的 MCA 是 AHP，因为它灵活、实用，结果阐述清晰[218]。此外，学者还将一些模糊方法应用到水资源开发项目风险评估中。以风险评估和专家判断而非概率推理为水资源开发项目的模糊评级工具，研究结果表明，场地地质和环境问题是最重要的风险因素[219]。本章采用了综合模糊熵权多准则决策（integrated fuzzy entropy-weight multiple criteria decision making，IFEMCDM）方法，该方法应用于水资源开发项目风险评估，需要决策者对环境有深度的了解。IFEMCDM 在风险评估的框架中结合了模糊集理论、熵方法和多准则决策方法，它可以量化评价指标中模糊集的不确定性、权重的主观影响，从而以更客观的方式评估多准则决策，然后通过避免对权重的主观影响，以更客观的方式评估水资源开发项目的风险[220]。

总体而言，水资源开发项目的可持续性风险评估是一个多维的分析，并逐渐成为一个热门话题。水资源开发项目的研究主要集中在环境影响、陆地生态损失、水生生物和常见的生态问题上，但是很少有研究关注其可持续性风险评估。此外，许多水资源开发项目的评估都基于 MCA，并且评估了多个相互冲突的指标，但没有考虑这些指标之间的相互影响。该领域的一些研究也将模糊理论整合到了评估方法中，以模糊集的形式量化不确定性，但几乎没有研究应用混合不确定性。在实际应用中，存在一些未知的可持续性风险值，使用模糊、随机和模糊随机指标来说明可持续性风险的不确定性，如生态指数、文化遗址保护程度等是模糊变量，地下水位、河道宽度等是随机变量，径流量和降水量是模糊随机变量。在此基础上，本章重点研究水资源开发项目可持续性风险的相关因素及其相互作用，处理模糊、随机、模糊随机不确定性等混合不确定性，并对可持续性风险进行定量评估，为管理者确定关键的可持续性风险因素提供实用建议，以减少这些因素造成的相应损失。

6.2　水资源开发项目可持续性风险问题描述

本节研究了水资源开发项目中的可持续性风险，并描述了客观存在的混合不确定性。

6.2.1　可持续性风险

大型水资源开发项目经常讨论水电工程的环境和社会经济风险，因为这涉及当地居民搬迁及文化遗址受到影响等。从可持续性风险角度审视水资源开发项目的影响时，需要从环境和社会经济的角度考虑许多因素。

如图 6.1 所示，水资源开发项目的可持续性风险评估是一个巨大的复杂开放系统，由自然环境子系统、生态环境子系统和社会经济子系统组成。在自然环境子系统中，考虑环境中的自然资源和自然现象，存在河流、地表、大气风险；在生态环境子系统中，我们关注环境中的生物因素，如陆生生物和水生生物风险；在社会经济子系统中，存在移民安置风险、社会稳定风险、当地农业风险、当地工业风险、当地气候风险。

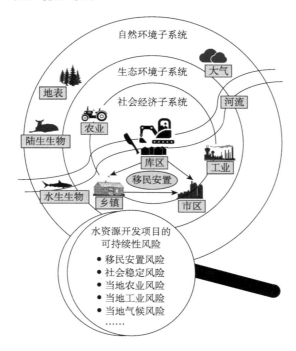

图 6.1　水资源开发项目可持续性风险问题描述

因此，在审视这个巨大的复杂开放系统中的总体可持续性风险时，通过考虑所有三个子系统的风险，从而可以尽可能全面地评估水资源开发项目的影响。在此框架内，可持续性风险评估结果可帮助项目经理识别需要考虑的关键可持续性风险因素，以减少因这些因素造成的相应损失。

6.2.2　混合不确定性描述

本章通过比较风险标准值和风险变化值来衡量水资源开发项目的可持续性风险。尽管从历史数据中提取出的风险标准值是确切的值，但是当项目仍在建设中时，风险变化值是未知的。不可避免地，许多风险变化值只能通过专家估计或科学预测来获得。在实际调查的基础上，本章考虑了三种类型的不确定性，包括模糊不确定性、随机不确定性和双重不确定性，双重不确定性亦称模糊随机不确定性。

1. 模糊不确定性

一些水资源开发项目的可持续性风险相关因素，如文化遗址的破坏程度和对自然景观的影响，需要由专家进行判断。根据施工计划、当地环境状况和个人经验，专家首先使用语言变量做出自己的判断，这些语言变量的值用自然语言表达。在处理需要使用常规定量表达方式描述不明确情况时，已证明该方法行之有效[221]。

例如，对于文化遗址保护程度，专家的判断可以用 7 值评分标准来表示：非常高（very high，VH）、高（high，H）、中高（medium high，MH）、中（medium，M）、中低（medium low，ML）、低（low，L）、非常低（very low，VL），然后将这些语言变量转换为梯形直觉模糊数（intuitionistic fuzzy numbers，IFN）[221]，如表 6.1 所示。通过应用 IFN，可以用数学方式表达出专家的主观意见及态度。IFN 已经普遍应用于解决可用信息不确定的决策问题。梯形直觉模糊数和三角直觉模糊数是 IFN 的两种最常用的形式[222,223]。本章应用的是从概念和计算方面来讲更简便的梯形直觉模糊数。梯形直觉模糊数在模糊建模和解释中的优势已得到充分证明[224]。$X = \{x\}$ 中的模糊集 M 表示为 $M = \{<x, \mu_M(x)>| x \in X\}$，其中 $\mu_M : X \rightarrow [0,1]$ 是模糊集 M 的隶属函数；而 $\mu_M(x) \in [0,1]$ 是模糊集 M 中 $x \in X$ 的元素[91]。用于主观评价指标等级的语言变量隶属函数如图 6.2 所示。

表 6.1　用于评价文化遗址保护程度的语言变量和梯形直觉模糊数

语言变量	梯形直觉模糊数
非常高	（0.8, 0.9, 1.0, 1.0）
高	（0.7, 0.8, 0.8, 0.9）
中高	（0.5, 0.6, 0.7, 0.8）
中	（0.4, 0.5, 0.5, 0.6）
中低	（0.2, 0.3, 0.4, 0.5）
低	（0.1, 0.2, 0.2, 0.3）
非常低	（0, 0, 0.1, 0.2）

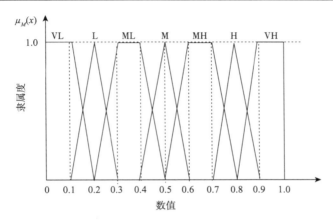

图 6.2　用于评价文化遗址保护程度的梯形直觉模糊数

2. 随机不确定性

由 3.3 节可知，随机不确定性与内部和主观的模糊不确定性不同，是一类概率型的、与外力有关的不确定性，如与需求、产品价格、任务时间和天气相关的不确定性。在我们对水电站建设项目评价的研究中，发现 pH 值和河道宽度等变量具有随机波动特征。

3. 模糊随机不确定性

当前的风险评估倾向于将不确定性视为模糊或随机不确定性[220]。实际上，由于客观和主观信息同时存在，需要同时考虑模糊性和随机性。

例如，在可持续性风险中，由于每月水流的年际气候变化，水资源开发项目完成后的水流高度不确定。根据月流量历史数据分析，研究区域中五个级别的月流量可以表示为梯形直觉模糊数，研究区域中的月流量 $\tilde{\zeta}$ 具有典型的模糊随机变量特征，如式（6.1）所示。

$$\tilde{\tilde{\xi}} = \begin{cases} \tilde{\tilde{\xi}}_H = (a_1, b_1, c_1, d_1)，概率为 p_1 \\ \tilde{\tilde{\xi}}_{MH} = (a_2, b_2, c_2, d_2)，概率为 p_2 \\ \tilde{\tilde{\xi}}_M = (a_3, b_3, c_3, d_3)，概率为 p_3 \\ \tilde{\tilde{\xi}}_{ML} = (a_4, b_4, c_4, d_4)，概率为 p_4 \\ \tilde{\tilde{\xi}}_L = (a_5, b_5, c_5, d_5)，概率为 p_5 \end{cases} \qquad （6.1）$$

每月河水流量具有五个不同的水平：高、中高、中、中低和低，且每月流量流入每个级别的概率分别为 $p_1, p_2, \cdots, p_5$。通过分析每个级别的范围，可以估算其

上下边界 $(a_1, a_2, \cdots, a_5)$ 和 $(d_1, d_2, \cdots, d_5)$，以及最可能的取值范围 $(b_1 \sim c_1, b_2 \sim c_2, \cdots, b_5 \sim c_5)$。

图 6.3 显示了河流流量作为模糊随机变量示意图。

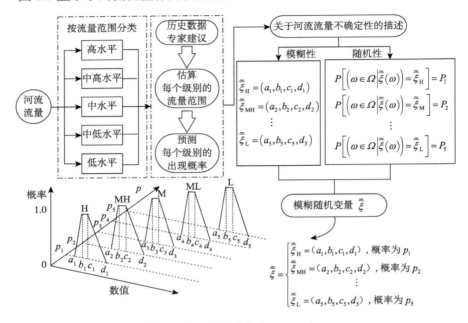

图 6.3　河流流量作为模糊随机变量

6.3　水资源开发项目可持续性风险

6.3.1　可持续性风险相关因素

水资源开发项目建设是一个复杂的过程，因此可持续性风险受到许多相互关联的因素的影响。为了保障评价体系的系统性和代表性，如 6.2.1 节所示，我们将水资源开发项目的可持续性风险视为一个复杂的系统，将其分为三个子系统：自然环境子系统、生态环境子系统和社会经济子系统。其中，自然环境子系统和生态环境子系统分别关注物质资源和生物资源。

在专家访谈和文献综述的基础上[219,220,225]，本节总结了水资源开发项目的可持续性风险相关因素和定量维度。这种先将系统分为子系统，然后根据系统层次分解子系统的方法，可以确保评价体系的科学性、评价指标的全面性及风险相关因素评估的准确性。如前所述，存在一些未知的可持续性风险值，使用模糊、随机和模糊随机指标来解释可持续性风险的不确定性，即生态指数，居民幸福程度、居民健康程度、文化遗址保护程度及景观的影响程度是具有模糊的量化维度。例如，居民幸福程度是居民对自己生存和发展的方式的总体感知，等级评定量级可以告诉我们居民的幸福程度，如非常幸福、幸福、不错、不好、非常差。居民健康程度与居民幸福程度相近，关注的是居民的健康状况。地下水水位、河道宽度和 pH 值分配了随机的定量尺度，而径流量和降水量分配了模糊随机的定量尺度。表 6.2 显示了特定的风险相关因素和定量维度。

表 6.2　水资源开发项目中风险相关因素及其定量维度

子系统	风险主体	风险相关因素	定量维度
自然环境子系统	河流	水文泥沙	泥沙排放、泥沙沉积、径流量[3]、中径流量、输沙模量、地表水资源、地下水资源、地下水位[2]
		河流形态	平均最大水深、河道宽度
		水质	悬浮固体、总磷（total phosphorus，TP）、NH₃-N、五日生化需氧量（biochemical oxygen demand，BOD_5）、化学需氧量（chemical oxygen demand，COD）、含油量、高锰酸盐指数、阴离子表面活性剂、氟化物、挥发性酚、含汞量
	地表	土壤	有机含量、TN、有效磷含量、有效钾含量、pH 值[2]、碱解氮、堆积密度
		地质灾害	森林覆盖率、水土流失面积、地质灾害受灾人数、地质灾害造成的直接经济损失
	大气	气候	气温、降水[3]、日照时间、蒸发量、相对湿度、无霜期、气候灾害、受灾人数、气候灾害造成的直接经济损失
		空气质量	SO_2 浓度、NO_2 浓度、PM_{10} 浓度、$PM_{2.5}$ 浓度、CO 浓度、O_3 浓度
生态环境子系统	陆生生物	陆生植物	植被面积、植被生产力、古树数量、植被种类
		陆生动物	动物种类、稀有动物种类
	水生生物	水生植物	浮游植物种类、水生植物种类
		鱼类	鱼类种类、稀有鱼类种类
	总体环境	环境状态	生态指数[1]、优质生态环境比重、自然保护区数量
社会经济子系统	库区移民	移民安置	人均公共绿地面积、人均居住面积、自来水普及率、天然气普及率、水污染率、生活垃圾处理率、人均道路面积
		健康	卫生保健机构数、卫生保健机构床位数、从事卫生保健人员数、死亡率、居民健康程度[1]、废水排放量、废渣排放量、尾气排放量
		社会稳定	社保缴纳人数、领取最低生活保障人数、水资源总供应量、农村地区用电量、居民幸福程度[1]、失业率
	经济发展	当地经济	地区生产总值、人均工资、人均可支配收入、财政收入、财政支出、恩格尔系数、消费物价水平
		当地农业	地区农业产值、主要农产品产量、每亩平均产量、灌溉面积、农业机械化水平、农村人均净收入、耕地面积
		当地工业	工业生产总值、主营业务收益、总利润、产品销售率、产销率

子系统	风险主体	风险相关因素	定量维度
社会经济 子系统	经济发展	交通建设	公路总长度、公路货运量、旅客周转量
		文化遗址	文化遗址保护程度 [1)]、文化站数、博物馆数、文物保护机构数
		库区景观	国内游客数、国内旅游收入、景观受影响程度 [1)]

1）代表模糊定量维度；2）代表随机定量维度；3）代表模糊随机定量维度

6.3.2　可持续性风险相关因素结构分析

水资源开发项目中有许多与可持续性风险相关的因素，其数量、取值和特征在定量维度上是不同的。此外，不同因素的风险影响程度也不同，但由某些相关因素引起的风险影响程度可能相似。为了反映所有风险相关因素的风险影响程度并更好地评估可持续性风险，需要首先分析这些风险相关因素的结构。

考虑到水资源开发项目可持续性风险的结构，将所有与可持续性风险相关的因素视为具有多个相关因素的组。可持续性风险相关因素的定量维度反映了可持续性风险对水资源开发项目影响的不同维度。为了定量反映相关因素对可持续性风险的影响，将第 i 个风险相关因素的定量维度的数量定义为 n，并定义第 i 个风险相关因素中的第 p 个量化维度的风险值为 v_p^i 且 $v_p^i \geq 0$，$p = 1, 2, \cdots, n$；对于其他风险相关因素，第 j 个风险相关因素的定量维度的数量定义为 m，并定义第 j 个风险相关因素中第 q 个量化维度的风险值为 v_q^j 且 $v_q^j \geq 0$，$q = 1, 2, \cdots, m$。由于某些可持续性风险定量维度需要考虑三种不确定性，因此定量维度风险值分为三种计算模式。本节使用三种不确定性的期望值来表示风险值。

1. 模糊定量维度的风险值

水资源开发项目可持续性风险定量维度的某些风险值是模糊的，因此需要专家根据他们已有的建设规划知识，结合当地环境状况和个人经验做出判断，以估算这些值。我们使用梯形模糊数来确定这些模糊定量维度的风险值 $\tilde{\xi} = (a, [b, c], d)$，$\tilde{\xi}$ 是梯形模糊数，从专家判断中提取隶属函数 $\mu_{\tilde{\xi}}(x)$，可以表示为

$$\mu_{\tilde{\xi}}(x) = \begin{cases} 0, & x < a, x > d \\ \dfrac{x-a}{b-a}, & a \leqslant x < b \\ 1, & b \leqslant x \leqslant c \\ \dfrac{d-x}{d-c}, & c < x \leqslant d \end{cases} \qquad (6.2)$$

为了评估模糊的可持续性风险值，需要计算期望值。基于可信度度量的模糊变量期望值描述为[226]

$$E(\tilde{\xi}) = \int_0^\infty Cr(\tilde{\xi} \geqslant x)\mathrm{d}x - \int_{-\infty}^0 Cr(\tilde{\xi} \leqslant x)\mathrm{d}x \tag{6.3}$$

$$= \frac{1}{2}\left[b + c + \int_c^d \mu_{\tilde{\xi}}(x)\mathrm{d}x - \int_a^b \mu_{\tilde{\xi}}(x)\mathrm{d}x\right] \tag{6.4}$$

$$= \frac{1}{4}[a + b + c + d] \tag{6.5}$$

其中，Cr 为可信度度量。

因此，可使用模糊变量的期望值 $E(\tilde{\xi})$ 来表示某些模糊定量维度的风险值。

2. 随机定量维度的风险值

水资源开发项目可持续性风险评估的一些定量维度风险值随机波动或有望在未来发生，因此，由于很难确定确切的风险值，我们使用蒙特卡罗方法[①]来模拟这些风险值的期望值。大数定律指出，当模拟数量足够大时，模拟值会收敛到期望值。未来的数据难以预测，但在此假设统计风险值分布在短期内不会发生变化。因此，历史数据可用于模拟分布以估计未来风险值，这是蒙特卡罗方法的最原始用法。首先基于蒙特卡罗方法，收集历史数据，并为随机定量维度的每个分布函数估计参数；其次估计仿真次数，以确保随机数计算的准确性；最后是确定 n 个样本值，并在进行统计分析之后，基于蒙特卡罗方法，针对随机定量维度的每个风险值确定估计的均值。

3. 模糊随机定量维度的风险值

可以使用模糊随机方法处理因为具有模糊性和随机性而具有主观不确定性的定量维度风险值。因此，模糊随机变量的期望值 $E(\tilde{\tilde{\xi}})$ 用于表示某些模糊随机定量维度的风险值[190]，如下所述。

$$E(\tilde{\tilde{\xi}}) = \sum_{i=1} p_i E(\tilde{\tilde{\xi}}_i) \tag{6.6}$$

其中，$E(\tilde{\tilde{\xi}}_i)$ 为不同模糊等级的期望值；p_i 为定量维度的第 i 个维度的最可能的取值范围。

模糊变量可表示为梯形模糊数，因此可以将式（6.6）转换为式（6.7），$E(\tilde{\tilde{\xi}}_i)$

---

① 蒙特卡罗方法，属于统计试验的一种方法，其基本思想是：当所求解问题是求解某种随机事件出现的概率，或者是求解某个随机变量的期望值时，可以通过某种"实验"的方法，以这种事件出现的频率估计这一随机事件的概率，或者得到这个随机变量的某些数字特征，并将其作为问题的解。

用于表达模糊随机定量维度的风险值。

$$E(\tilde{\bar{\xi}}) = \sum_{i=1} p_i \left[\frac{1}{4}(a_i + b_i + c_i + d_i) \right] \tag{6.7}$$

在处理了模糊随机的可持续性风险值之后，可以确定第 i 个风险相关因素的风险值向量为 $V^i = (v_1^i, v_2^i, \cdots, v_n^i)$，第 j 个风险相关因素的风险值向量为 $V^j = (v_1^j, v_2^j, \cdots, v_m^j)$。

由于在不同的定量维度上所采用的计量单位和计量方法不同，与可持续性风险相关因素的各个定量维度所对应的风险不具有可比性，使用风险变化向量来衡量可持续性风险相关因素之间的影响程度。第 i 个风险相关因素 u_p^i 中第 p 个定量维度的风险变化值和第 j 个风险相关因素中第 q 个定量维度的风险变化值可以表示为

$$u_p^i = \frac{|v_p^i - v_{ps}^i|}{v_{ps}^i}, \quad p = 1, 2, \cdots, n$$
$$u_q^j = \frac{|v_q^j - v_{qs}^j|}{v_{qs}^j}, \quad q = 1, 2, \cdots, m \tag{6.8}$$

其中，v_{ps}^i 为第 i 个风险相关因素中第 p 个定量维度的标准风险值，它表示水资源开发项目建设之前的量化维度的初始值，该值可以从历史数据中确定。因此，第 i 个风险相关因素的标准风险向量为 $V_s^i = (v_{1s}^i, v_{2s}^i, \cdots, v_{ns}^i)$，$v_{qs}^j$ 与其类似。

然后，可以确定第 i 个和第 j 个风险相关因素的风险变化向量：$U^i = (u_1^i, u_2^i, \cdots, u_n^i)$ 和 $U^j = (u_1^j, u_2^j, \cdots, u_m^j)$。

6.3.3 可持续性风险的风险相关程度

耦合是指两个或多个系统通过子系统之间的各种动态、相互依存、协调和相互加强的交互实现协同作用。耦合度是系统或元素之间相互影响和相互作用的程度。水资源开发项目有三个可持续性风险子系统，每个子系统都有一些与风险相关的因素。因此，可持续性风险相关因素之间存在某种耦合，因为在环境、经济和社会子系统中，某些因素之间的风险影响是一致的[227]。换言之，可持续性风险相关因素的定量维度上的变化会导致其他定量维度上的变化。

基于物理学中的容量耦合的概念和容量耦合系数模型，多个系统（或因素）相互作用的耦合模型可概括为[228]

$$c_n = \{(u_1 \cdot u_2 \cdot \cdots \cdot u_n) / [\Pi(u_i + u_j)]\}^{1/n} \tag{6.9}$$

本节采用两因素耦合模型，根据风险相关因素的适用性，计算了风险相关因

素在不同定量维度之间的耦合度，从而确定了不同定量维度之间的风险影响程度。因此，将第 i 个风险相关因素中的第 p 个定量维度和第 j 个风险相关因素中的第 q 个定量维度的风险影响程度 c_{pq}^{ij} 定义为

$$c_{pq}^{ij} = 2\left\{ \left(u_p^i \cdot u_q^j \right) / \left[\left(u_p^i + u_q^j \right) \left(u_p^i + u_q^j \right) \right] \right\}^{1/2} \tag{6.10}$$

定量维度之间的风险影响程度越小，这些定量维度的风险变化值之间的差异就越大，这表明风险相关因素之间的影响较小。

然后，可以基于 c_{pq}^{ij} 将第 i 个风险因素与第 j 个风险相关因素之间的定量维度的风险影响矩阵确定为 $C_{n \times m}^{ij}$。

$$C_{n \times m}^{ij} = \begin{bmatrix} c_{11}^{ij} & c_{12}^{ij} & \cdots & c_{1m}^{ij} \\ c_{21}^{ij} & c_{22}^{ij} & \cdots & c_{2m}^{ij} \\ \vdots & \vdots & & \vdots \\ c_{n1}^{ij} & c_{n2}^{ij} & \cdots & c_{nm}^{ij} \end{bmatrix} \tag{6.11}$$

组中任意两个成员的偏好向量的相对性度量模型用于计算可持续性风险相关因素之间的风险相关度。偏好向量 V^i 和偏好向量 V^j 之间的相对度 $r_{ij}(V^i, V^j)$ 定义为[229]

$$r_{ij}(V^i, V^j) = \frac{(|V^i - \overline{V^i}|) \cdot (|V^j - \overline{V^j}|)^{\mathrm{T}}}{\|V^i - \overline{V^i}\|_k \cdot \|V^j - \overline{V^j}\|_g}, \quad 1 < k < +\infty, \quad 1 < g < +\infty, \quad \frac{1}{k} + \frac{1}{g} = 1 \tag{6.12}$$

其中，$\| \ \|_k$ 为向量的 k 范数；$\| \ \|_g$ 为向量的 g 范数。

$$\overline{V^i} = \frac{1}{n} \sum_{l=1}^{n} v_l^i, \quad \overline{V^j} = \frac{1}{n} \sum_{l=1}^{n} v_l^j \tag{6.13}$$

在该模型中，可持续性风险相关因素与成员的偏好相对应，而定量维度则与那些偏好的属性相对应。由于各种可持续性风险相关因素的定量维度数量不同，因此需要针对偏好向量的这种相对性度量模型来扩展这种情况。在偏好向量相关性测量模型中添加一个风险影响矩阵 $C_{n \times m}^{ij}$ [230]，以解决由于可持续性风险相关因素的定量维度不同而无法比较的问题，其中风险相关因素向量 V^i 和 V^j 之间的风险相关度 $r_{ij}(V^i, V^j)$ 定义为

$$r_{ij}(V^i, V^j) = \frac{(|V^i - V_s^i|) \cdot C_{n \times m}^{ij} \cdot (|V^j - V_s^j|)^{\mathrm{T}}}{\|V^i - V_s^i\|_2 \cdot \|C_{n \times m}^{ij}\|_2 \cdot \|V^j - V_s^j\|_2} \tag{6.14}$$

6.3.4　权重的确定

基于式（6.14）中可持续性风险的第 i 个风险相关因素向量和第 j 个风险相关因

素向量之间的风险相关度，第 i 个风险相关因素的权重 w_i 计算如式（6.15）所示。

$$w_i = r_{ii} / \sum_{j=1}^{t} r_{ij} \qquad (6.15)$$

将式（6.15）归一化处理后，第 i 个风险相关因素的归一化权重 W_i 为

$$W_i = w_i / \sum_{j=1}^{t} w_j \qquad (6.16)$$

风险相关因素的归一化权重值表示风险相关因素与其他相关因素相对应的影响，即相关因素的归一化权重越高，表明该因子与其他相关因素在水资源开发项目建设后变化中的一致性越强，对可持续性风险的影响越大。然后，对各风险相关因素的归一化权重进行排序，将归一化权重较高的风险相关因素作为水资源开发项目可持续性风险的关键指标。

6.4　某水电站开发项目可持续性风险评价案例

6.4.1　某水电站

本节将对我国某水电站开发项目的生态风险进行评价。该水电站建设周期近10年，其库区、枢纽工程建设区、新城区建设征地涉及 2 个省、4 个市、6 个县、39 个乡镇、110 个行政村、1100 多万移民人口。

6.4.2　数据搜集及处理

本节以我国某水电站为例进行研究。根据对该水电站的调查及从相关统计年鉴、可行性研究报告等中提取的信息，以及以该水电站为研究对象，收集了其可持续性风险评价的相关数据。大型水电项目的可持续性风险相关因素见表 6.2。根据表 6.2 确定了风险相关因素中量化维度的风险标准值和风险值。由于该水电站主体工程于2013 年开工，所选风险标准值来源于其 2012 年的相关前期历史数据。该水电站的风险值取自可行性研究报告中的数据，共识别和选择了 21 个风险相关因素和 105 个量化维度，分别记为 $\{f_1, f_2, f_3, \cdots, f_{19}, f_{20}, f_{21}\}$ 和 $\{q_1, q_2, q_3, \cdots, q_{103}, q_{104}, q_{105}\}$。

由于可行性研究报告中未提及定量维度的某些风险值，因此采用专家估计和历史数据来预测模糊定量维度的梯形模糊数（生态指数、居民健康程度、居民幸福程度、文化遗址保护程度、景观的影响程度）、随机定量维度的取值分布（地下水位、河流宽度、pH 值）及模糊随机定量维度的 (α, β) 级梯形模糊变量（径流

量、降水量）。对于模糊定量维度，可通过实地调研获得数据，如居民幸福程度、居民健康程度等。我们在水电站所在地进行了访谈调查，访谈和询问 158 人的幸福与健康状况，我们可以通过非常幸福、非常健康、快乐、健康、不差、差、非常差等来估计他们的幸福与健康程度。水电站的建设将导致库区居民搬迁，由于调研开展于 2017 年 11 月，此时该水电站正在建设中，居民搬迁工作尚未完成，为了获取工程竣工后的数据，我们先对拟搬迁居民所在地区的幸福与健康状况进行了访谈调查，并利用这些区域的结果来估计施工完成后的居民幸福程度和健康程度，然后计算期望值以表示 6.3.2 中所述的风险值，最后确定了该水电站可持续性风险各定量维度的风险标准值和风险值。

6.4.3　风险相关因素归一化权重的计算

根据风险标准值和风险值及式（6.8），分别计算各定量维度的风险变化值。基于式（6.10），该水电站可持续性风险定量维度之间的风险影响矩阵见表 6.3。

表 6.3　案例分析水电站可持续性风险定量维度之间的风险影响矩阵

风险定量维度	q_1	q_2	$\cdots$	q_{54}	q_{55}	$\cdots$	q_{104}	q_{105}
q_1	1.0000	0.8010	$\cdots$	0.6791	0.4850	$\cdots$	0.8636	0.4398
q_2	1.0000	1.0000	$\cdots$	0.6794	0.4852	$\cdots$	0.8639	0.4400
$\vdots$	$\vdots$	$\vdots$		$\vdots$	$\vdots$		$\vdots$	$\vdots$
q_{54}	0.2220	0.2221	$\cdots$	0.5302	0.7308	$\cdots$	0.3770	0.7853
q_{55}	0.5951	0.5953	$\cdots$	0.9855	0.9711	$\cdots$	0.8640	0.9406
$\vdots$	$\vdots$	$\vdots$		$\vdots$	$\vdots$		$\vdots$	$\vdots$
q_{104}	0.8628	0.8628	$\cdots$	0.9374	0.9813	$\cdots$	0.8935	0.9894
q_{105}	0.4390	0.4390	$\cdots$	0.5203	0.5982	$\cdots$	0.4687	0.6218

计算该水电站可持续性风险相关因素之间的风险相关度，如表 6.4 所示，并根据风险相关度的结果确定了风险相关因素的权重。经过归一化和排序，风险相关因素的排序归一化权重结果如表 6.5 所示。

表 6.4　案例分析水电站可持续性风险相关因素之间的风险相关度

风险相关因素	f_1	f_2	$\cdots$	f_{10}	f_{11}	$\cdots$	f_{20}	f_{21}
f_1	0.3114	0.3909	$\cdots$	0.4981	0.4983	$\cdots$	0.3588	0.3925
f_2	0.3909	0.5815	$\cdots$	0.7675	0.7614	$\cdots$	0.5655	0.5680
$\vdots$	$\vdots$	$\vdots$		$\vdots$	$\vdots$		$\vdots$	$\vdots$
f_{10}	0.4983	0.7614	$\cdots$	0.9840	0.9813	$\cdots$	0.7457	0.7273
f_{11}	0.4588	0.5375	$\cdots$	0.6606	0.6650	$\cdots$	0.4699	0.5467

风险相关因素	f_1	f_2	$\cdots$	f_{10}	f_{11}	$\cdots$	f_{20}	f_{21}
$\vdots$	$\vdots$	$\vdots$		$\vdots$	$\vdots$		$\vdots$	$\vdots$
f_{20}	0.3258	0.4997	$\cdots$	0.6477	0.6478	$\cdots$	0.5157	0.4524
f_{21}	0.3771	0.5658	$\cdots$	0.7324	0.7318	$\cdots$	0.5749	0.5178

表 6.5　案例分析水电站可持续性风险相关因素排序后的归一化权重

可持续性风险相关因素	因素序号	归一化权重
陆生动物	v_9	0.0741
水生植物	v_{10}	0.0676
鱼类	v_{11}	0.0673
土壤	v_4	0.0601
环境状态	v_{12}	0.0593
移民安置	v_{13}	0.0545
文化遗址	v_{20}	0.0530
河流形态	v_2	0.0507
库区景观	v_{21}	0.0468
陆生植物	v_8	0.0467
健康	v_{14}	0.0457
地质灾害	v_5	0.0446
交通建设	v_{19}	0.0432
气候	v_6	0.0409
水文泥沙	v_1	0.0380
当地经济	v_{16}	0.0371
水质	v_3	0.0369
社会稳定	v_{15}	0.0369
当地工业	v_{18}	0.0357
空气质量	v_7	0.0331
当地农业	v_{17}	0.0277

6.4.4　对策建议

　　在该水电站建设过程中，不同的风险相关因素具有不同的风险程度。风险相关因素的归一化权重越大，建设项目对可持续性风险中这些相关因素的影响就越大，即这些风险相关因素需要得到更大的保护。如表 6.5 所示，陆生动物、水生植物、鱼类、土壤和环境状态是受影响最大的因素，表明该水电站的建设对生态环境子系统的风险产生了重大影响，尤其是对生物的影响较大，其中对陆生动物的影响最大。相比之下，建设对当地农业、空气质量、当地工业、社会稳定和水质等的影响较小，表明该水电站建设规划对当地农业的保护措施是有效的。因此，为了实现可持续性风险最小化，该水电站建设过程中的重点需要放在对生态环境的保护和维护上，特别要注意保护当地动物，确保施工前后物种、种群数量的保持。这些评价结果可为其他水电站的可持续性风险评价提供有价值的参考。

从子系统的角度看，不同系统的可持续性风险影响不同。如图 6.4 所示，生态环境子系统中风险相关因素的归一化权重总体水平最高；社会经济子系统中风险相关因素的归一化权重最低，除文化遗址保护和库区景观外，其余的归一化权重都很低，即它们对其他风险相关因素的影响很小。从宏观系统分析，生态环境子系统的波动对其他子系统的影响较大，生态环境子系统的变化可能导致其他子系统发生较大的变化，因此，在考虑该水电站的可持续性时，需要对生态环境子系统给予更多的关注和保护。

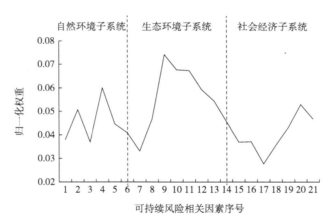

图 6.4　子系统视角下可持续性风险相关因素的归一化权重

此外，我们还分析了该水电站可持续性风险相关因素之间的风险相关度。风险相关度的前五位依次为水生植物与鱼类、陆生动物与鱼类、陆生动物与水生植物、水生植物与移民安置、移民安置与鱼类。陆生动物、鱼类和水生植物的生存都依赖于环境。环境的变化会使它们的栖息地和生活方式发生巨大变化，甚至可能威胁到它们的生命。同时，它们在食物网中表现出很强的联系。该水电站建成后，其生存状况的相似性和相关性提升了其可持续性风险相关度。该水电站的建设将淹没一定数量的居民区，需要对居民进行安置。移民安置相关因素的变化与水生植物和鱼类的变化有很大的相似性，说明安置居民对水生生物的依赖性较强，这可能与他们长期将水生生物作为生活必需品和收入来源有关。

6.5　本　章　小　结

水资源开发项目的可持续性风险评价是一个系统而复杂的问题。本章确定了水资源开发项目可持续性风险的相关因素和定量维度结构。通过对具有混合不确定性的可持续性风险相关因素的风险相关度进行计算，确定了各相关因素之间的可持续性风险影响程度，并获得各风险相关因素的归一化权重，确定了水资源开发项目可持续性风险的主要因素。本章以正在建设中的某水电站的可持续性风险为例，论证了该方法的可行性，其结果为有针对性地采取有效措施降低或规避风险，确保水资源开发项目的可持续发展提供了有价值的参考。研究结果表明，该水电站开发对生态环境的影响较大。具体而言，陆生动物、水生植物、鱼类、土壤和环境状况是控制可持续性风险的最重要因素。建议加强对施工人员的环境保护宣传教育，在建设项目中实施绿化工程，降低该水电站可持续性风险，建立鱼类增殖站和该水电站库区移民长效机制。因此本章提出的一种水电项目可持续性风险评价方法，可以为水电项目可持续性风险的控制提供参考。

第7章　带混合不确定性的城市洪水灾害可恢复性评价

7.1　可恢复性概念

可恢复性又叫韧性，近年来，韧性城市相关研究领域得到了学界极大的关注。城市韧性所针对的问题，来源于外部"扰动"带来的危机。这些"扰动"种类繁多，但都具有"不确定性高""随机性强""破坏性大"等特点。韧性城市作为一种新的规划思路，与当前广受关注的海绵城市、可持续城市等相关规划理念有一定的共通之处。海绵城市侧重于城市雨洪管理、对雨水的循环利用。相对于海绵城市的规划思想，韧性城市的工作领域更广，韧性城市可以包容更大范围、更多类型的潜在灾难事件，着眼于增强系统应对多种不同灾害的能力，而不仅仅局限于雨洪管理。可持续城市指在一定的社会经济背景条件下，基于环境承载力，在维持城市自身的生态系统水平不降低的前提下，能够为生活在其中的居民创造和供给可持续福利的城市。相对于可持续城市的规划思想，韧性城市更强调"动态"适应性[231]。

环顾全球，城市自创建之日起，就必须面对各种威胁、应对多重危机。随着人类科技文明的进步和各种政治经济力量的制衡，很多之前被视为灭顶之灾的危机，如大规模的病疫和战争，已经不再令人感到恐惧。然而，现代城市开始需要应对全新的冲击。这些冲击的不确定性程度更高，潜在影响更大更广，并且有进一步增强的趋势。中国是一个幅员辽阔，地域间自然条件差异化程度极高的国家，经常遭受各种自然灾害与人为灾害的影响[232]。

现代水资源突发事件的响应不但需要水利、环保、卫生、市政等部门的协调处理，还需要医疗卫生和公共安全等多部门的通力合作。各主体按照其职能对突发事件的特定属性做出评价，图 7.1 显示了典型的多元主体水资源突发事件生态可恢复性属性框架，多个属性中全面包括水资源恢复工作中的事件严重性、水资源状况、发生地状况、应急恢复准备状况、多部门协调性。各属性下，根据指标筛选原则来选择指标，通过信息集结对水资源突发事件生态系统可恢复性进行评价，有实践意义的评价结果包括恢复到目标初始状态的难易程度分级、需要的时间、各部门需要投入的资源规模。

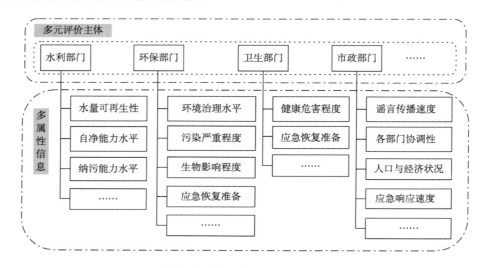

图 7.1　多元主体水资源突发事件生态可恢复性属性框架

近几十年来，由于城市化进程的加速和气候变化，城市洪水已成为一个普遍的全球性问题。2017 年，全球 38.4%的自然灾害是洪水[233]，如果不采取有效的策略，到 2050 年，全球每年的洪水损失可能达到 1 万亿美元[234]。然而，在许多城市中洪水是不可避免的，许多城市遭受周期性的洪水[235,236]；因此，这些城市有必要制定合适的洪水灾害恢复策略[235]。联合国减少灾害风险办公室（United Nations Office for Disaster Risk Reduction，UNDRR）自 2010 年起开展的增强城市可恢复性运动，截至 2015 年已吸引了 3800 多个城市[237]，联合国人类住区规划署将可恢复性作为其关键战略[238]，许多决策者和规划者将改善可恢复性作为关键业务目标[239]。

如图 7.2 所示，可恢复性的概念可以追溯到 20 世纪 70 年代初，Holling 提出了工程可恢复性和生态可恢复性[240]。Holling 将工程可恢复性定义为维持系统稳定状态的能力，将生态可恢复性定义为利用相互加强的结构向另一稳定状态转化的能力[240]。在灾害管理中，城市洪水灾害可恢复性是生态恢复力的一部分，具体指的是多元平衡范式[236]，涉及城市排水系统[241]、绿色基础设施系统[242]、社区系统[243]等社会系统和人地耦合系统[239]。可恢复性已发展成一个综合概念，涵盖灾害管理周期的所有阶段。对于城市地区的抗灾能力，已有研究制定了具体的量化方法，将这些概念转化为具体的业务管理做法。

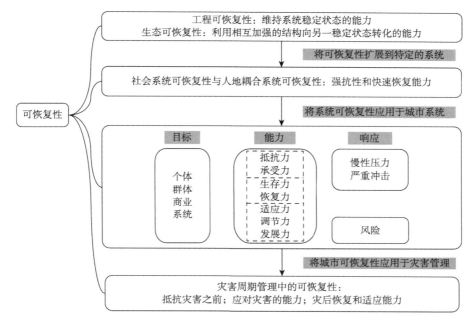

图 7.2　可恢复性概念

系统可恢复性测量方法包括一般模型和基于结构的模型，上述两个模型分别对系统性能和系统结构进行测量[244]。最常见的一般模型是弹性三角形、典型的静态性能模型和贝叶斯联合条件概率、动态性能模型[239,243,245]。弹性三角形使用静态性能模型中的积分方程，在坐标图中用来表示系统恢复和功能曲线周围区域的系统质量损失[239,244]。另外，贝叶斯联合条件概率可以用来生成动态模型中各指标的权重[243,245]。基于结构的模型[244]主要有三种：仿真模型、多目标优化模型和模糊逻辑模型。仿真模型通常包括 GIS、三维（three dimensions，3D）可视化和蒙特卡罗模拟信息，结合 GIS 和 3D 可以进行场景描述与空间分析[243,246]，而结合蒙特卡罗仿真可以确定评价系统标准的概率分布与对不确定性进行建模[247]。多目标优化模型以最小化洪水破坏和经济损失为目标[248,249]。模糊逻辑模型能够对可恢复性因素进行排序，并设置不同脆弱性级别的场景[235,250]。

虽然对城市洪水灾害可恢复性进行了大量的测量研究，但大多集中在客观信息和量化分析上，忽略了由知识的不完全性或主观信息所引起的信息的不确定性。例如，一些专家的语言评估是区间值术语，这是因为专家掌握的知识也是不完整的，他们无法做出非黑即白的判断[251]。以往的可恢复性测量方法采用概率来处理不同模型中信息的不确定性。例如，GIS 和 3D 方法使用概率来模拟场景。然而，不确定性不是概率性的，而是模糊性的。因此，模糊集理论得以发展并成功地应用于描述不完整的、非概率性的信息。然而，当信息模糊的来源不同时，传统模糊集理论存在局限性[252]。犹豫模糊语言集[253]是在犹豫模糊集的基础上发展而来的，它为人类的认知过程设定了所有可能的值，表达了更灵活的语言评价信息。这种方式降低了主观犹豫信息的不确定性和模糊性。因此，城市洪水灾害可恢复性是一个典型的多指标混合信息决策问题，既要考虑绿地面积率、人口密度等客观指标，又要考虑水闸材料可恢复性等主观指标。

因此，本章首先构建了灾害全周期，部分指标信息来源于专家主观评价的洪水可恢复性综合评价体系。然而，专家很难对城市洪水灾害可恢复性做出准确的判断。为了处理专家语言的主观模糊性，本章采用迟疑模糊性来描述专家语言术语。因此，混合模糊、随机模糊和犹豫模糊值都包含在评价体系中。在此基础上，本章提出了一种新的洪水可恢复性综合评价系统的信息聚合方法。本章的主要贡献有以下几点：①在城市洪水灾害可恢复性评价中首次考虑了犹豫模糊问题；②通过最大共识最小分歧模型改进了同等专家的权重；③改进传统的 VIKOR 方法，以适应混合的明确、随机和犹豫的模糊值。

7.2　城市洪水灾害可恢复性评价问题描述

7.2.1　灾害周期下的可恢复性问题

可恢复性与可持续性和脆弱性有关，但又有所不同。可持续性关注高概率、低影响的普通事件，而可恢复性关注低概率、高影响的极端事件[239,254]。因此，在洪水管理中，可持续性是维持长期稳定的系统特性，而可恢复性是应对短期剧烈情况以避免或减少极端洪水破坏的能力，即可恢复性与可持续性密切相关[254]，多元化是关键的弹性恢复能力指标[255]。脆弱性是指由于对伤害的敏感性与缺乏应对和适应伤害的能力而容易受到不利影响的倾向[256]。这个定义表明，更高的可恢复性就意味着更低的脆弱性[257]。在灾害周期下，可恢复性更强调灾前的抵抗能力，而脆弱性更强调灾中和灾后的应对能力与适应能力。此外，研究可恢复性系统中的不确定性和动态性，有利于更全面地分析脆弱性[257]。我们认为可恢复性与脆弱性是相反的关系，即脆弱性指标描述对可恢复性有负面影响。

如图 7.3 所示，在灾害周期中主要有以下抗洪能力：灾害前的防灾、减灾能力，灾害中的应对灾害影响的能力，灾害后的恢复和适应能力[235,238,248,258]。

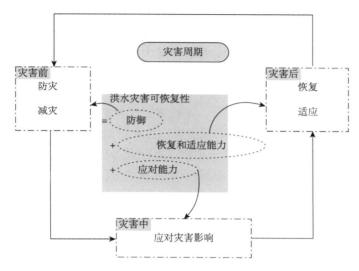

图 7.3　灾害周期下的可恢复性

灾害前的防灾减灾是指在下一次灾害发生前或灾害之间为应对未来洪水而采取的行动[258]，其关键标准是尽可能减少未来洪水的负面影响。因此，这将涉及弹性准备能力活动，如加强绿色基础设施、城市排水系统和准确的预测与预警系统。

灾害中的应对灾害影响的能力是指避免永久性破坏，保障搜救、食物和住所等基本资源与服务的能力。在这一时期，人们的应急意识和基本的自救能力提高了应对能力。

灾后恢复和适应能力是指灾后恢复所需的基本能力，以及通过政策升级提高未来复原能力的适应能力，社会、经济和教育条件是评估过程中的主要因素。

本章基于以上能力构建了城市洪水灾害可恢复性评价指标体系。

7.2.2　混合不确定信息集结

城市洪水灾害可恢复性评价指标体系具有不同种类的信息，其中一些信息是清晰的（如人口规模），一些是随机的（如绿地面积率），一些是犹豫模糊的（如水闸材料回弹性水平）。

由于不可控外部因素的随机值具有不确定性，随机指标的确定比较困难。因此，本章采用蒙特卡罗方法来模拟波动随机值。根据大数定律，随着实验次数的增加，实际结果的比率收敛于理论或预期结果的比率。利用蒙特卡罗模拟，收集历史数据，可以确定实验次数，得到模拟分布参数[111]。因此，随机值等于预期的模拟，这将允许随机值转化为明确值。

对于其他指标，没有准确的测量方法来确定明确值或随机值。例如，为了评估水闸的弹性，需要来自数千个水闸的信息，这大大增加了评估的难度。因此，在这些情况下，采用专家评估。然而，由于专家通常发现很难给出明确的值或非黑即白的判断，强迫专家这样做可能会损害评估准确性，他们通常给出一个他们认为该值应属的范围。例如，在这种情况下，城市灾害管理专家将对犹豫不决的模糊指标提供语言评估，这些模糊指标由语言值生成，为 0 到 1 之间的实数[149,259]。例如，Li 等[149]使用了 7 个比例的分数模型来表示语言值：$\{E_{-3}, E_{-2}, E_{-1}, E_0, E_1, E_2, E_3\}$＝{极差，非常差，差，中等，好，非常好，极好}，实数表示为{0，0.17，0.33，0.50，0.67，0.83，1.00}。

为了处理带有清晰、随机和犹豫模糊特点的混合信息，需要对传统的信息集结方法进行改进。

7.3　城市洪水灾害可恢复性评价方法

7.3.1　城市洪水灾害可恢复性评价指标体系

根据 7.2.1 的灾害周期，如图 7.4 所示，城市洪水灾害可恢复性评价指标体系可分为 4 个子系统：抵抗能力、应对能力、恢复能力和适应能力，分别用 D_1、D_2、D_3 和 D_4 表示。抵抗能力（D_1）子系统有 2 个因素：绿色基础设施（R_1）和警告与预测（R_2）。应对能力（D_2）子系统由水文基础设施（R_3）、人口组成（R_4）和支持资源（R_5）3 个因素构成。恢复能力（D_3）子系统有 2 个因素：当地经济（R_6）和社会条件（R_7）。适应能力（D_4）子系统有 1 个影响因素：制度学习机制（R_8）。本节指标的选取主要基于以往洪水可恢复性指标研究[234,242,243,260-263]和指标选取原则[264]，指标选取原则如下所示。

（1）协商一致原则。指标需要与 4 种能力和评价体系逻辑一致。

（2）标准化原则。指标需要广泛适用于大多数城市，这样评价体系才能适用于不同的系统，具有比较不同城市可恢复性能力的功能。

（3）便捷原则。指标值应易于获取和管理，以增加评价体系的通用性。

（4）完整性原则。城市抗洪能力评价体系应包括自然、物质、经济、社会和制度 5 个维度[265]。

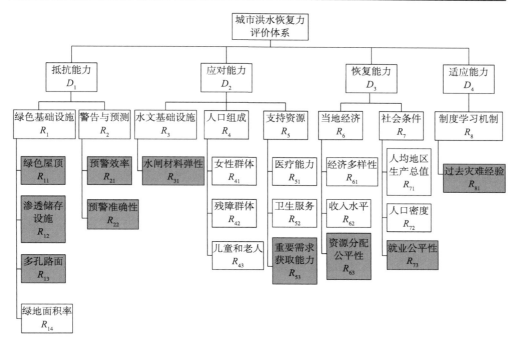

图 7.4　城市洪水灾害可恢复性评价指标体系
灰色方框表示犹豫模糊指标；白色方框表示准确和随机指标

该体系提出了两个灾前抵抗能力指标：绿色基础设施（R_1）和警告与预测（R_2）。Song 等[260]认为绿色基础设施可以有效提高洪水恢复力，Tauhid 和 Zawani[266]认为城市绿色基础设施与气候相关的洪水缓解有关。特别是中国的海绵城市建设、英国的蓝绿色城市建设、澳大利亚的水敏感城市设计、低影响开发、绿色基础设施建设和水系统运行等得到了迅速发展。在城市防洪弹性系统中，需要评价绿色基础设施系统的减灾能力，洪水预警系统是防洪和减灾的关键。该评价体系选取了城市预警预报系统周边的几个指标。

应急能力是应对能力的一个重要因素。因为城市抗洪的物理因素，城市水文基础设施（R_3）应能够在洪水紧急情况下协调水流，以保护弱势群体，从而减轻洪水的影响。而管道粗糙度等排水网络参数是绿色基础设施的一部分，它们会显著影响入渗储存设施。因此，本章的框架仅考虑了低重复性的水文闸门弹性。第二个应对能力因素是人口组成（R_4），主要关注弱势群体。灾后救援的困难表现在这一自然的社会因素上。医疗保健系统与控制洪水对生命安全的破坏有直接关系。Farley 等[263]声称，健全的医疗保健系统可以增强洪水和其他灾害的恢复力。该评价体系选择以支持资源为代表的医疗稳健性作为城市应对能力的第二个因素〔支持资源（R_5）〕。

恢复能力与当地经济（R_6）和社会条件（R_7）有关。经济、公平和体制能力需要得到控制。例如，100 个韧性城市运动[267]提出加强国家洪水保险计划，其中立法和行政的行动步骤都很详细。由于不同地区政府在灾害公平和保险方面的政策不同，因此本评价体系选择一般因素来评价经济水平。

对于制度学习机制（R_8），选择语言指标来评估适应能力。综上所述，在这一体系中，考虑了地方经济、社会条件和制度学习机制。

为了更明确地解释，$R_1 \sim R_8$ 指标选择的合理性如下。

1. 抵抗能力指标

作为城市恢复力的基本策略，绿色基础设施（R_1）可以运输和储存洪水[236]。绿色基础设施一般包括"绿色屋顶、透水路面、生物滞留池、雨水桶、植被洼地"[242]，以及土壤和植被协助平衡地表水等其他绿色因子[260]。因此，绿色基础设施能够减轻负面的洪水影响，提高抗洪能力。对于绿色基础设施（R_1），该模型考虑了 4 个指标：绿色屋顶（R_{11}）、渗透储存设施（R_{12}）、多孔路面（R_{13}）和绿地面积率（R_{14}）。

警告与预测（R_2）表示城市是否有准确的预测和准备能力。预警效率（R_{21}）和预警准确性（R_{22}）是两个具有模糊犹豫值的预警预测指标。及时和精确的预警系统可以确保弱势群体有足够的准备，从而减少未来可能的洪水灾害[261]。预警准确性（R_{22}）与城市的防灾准备工作有关，直接关系城市的灾害预测能力。这些犹豫模糊指标的详细情况见表 7.1。

表 7.1　犹豫模糊指标描述

犹豫模糊指标	描述
R_{11}	屋顶绿化的普及程度和实施效果
R_{12}	综合渗透储存设施水平
R_{13}	多孔路面的普及程度和实施效果
R_{21}	权威部门的预警传播和居民的预警接收能力
R_{22}	预测准确性

2. 应对能力指标

水闸是控制洪水流量的主要水文基础设施。水闸的弹性是其材料弹性和连接的上游水闸的总弹性的总和。水闸材料弹性（R_{31}）[234]与水闸的物理性能有关，目前对其还没有确定的测量方法。

应对能力是指一个城市的应急能力，应急反应与群体脆弱性密切相关。群体脆弱性增加了应急难度，并对城市的抗洪能力产生了负面影响，因此需要更高的应对能力，因为人群越脆弱，城市的抗洪能力就越弱。该模型考虑了 3 个人口构成指标：女性群体（R_{41}）、残障群体（R_{42}）、儿童和老人（R_{43}）。

女性群体（R_{41}）指标是由易受自然灾害影响的女性人口数（n_w）除以城市人口数（n）得到的百分比表示。

$$R_{41} = \frac{n_w}{n} \times 100\% \tag{7.1}$$

残障群体（R_{42}）指标是由所有类型残障人口数（n_d）除以城市人口数（n）得到的百分比表示。

$$R_{42} = \frac{n_d}{n} \times 100\% \tag{7.2}$$

儿童和老年人（R_{43}）指标为 15 岁以下儿童数（n_{15^-}）和 65 岁以上人口数（n_{65^+}）一共所占城市人口数（n）的百分比。

$$R_{43} = \frac{n_{15^-} + n_{65^+}}{n} \times 100\% \tag{7.3}$$

有 3 个支持资源指标：医疗能力（R_{51}）、卫生服务（R_{52}）和重要需求获取能力（R_{53}）。

医疗能力（R_{51}）指标为每 1000 人拥有的医院数量（h）。

$$R_{51} = \frac{h \times 1000}{n} \tag{7.4}$$

卫生服务（R_{52}）指标按每 1000 人中医生的人数（n_p）表示。

$$R_{52} = \frac{n_p \times 1000}{n} \tag{7.5}$$

重要需求获取能力（R_{53}）[243]是一个犹豫模糊指标。在洪水紧急情况下，食品、能源、交通等城市运营应满足人们的基本需求。

3. 恢复能力指标

当地经济对灾后重建有积极影响。在这个模型中，用 2 个指标来衡量当地经济：经济多样性（R_{61}）和收入水平（R_{62}）。用经济多样性平等熵指数[262]衡量经济多样性，其中 t 为部门数量，r_i 为经济活动在该行业中所占的份额。熵指数越高，经济多样性越高，灾害恢复力和城市洪水恢复力越高[262]。资源分配公平性（R_{63}）是一个犹豫模糊指标。

$$R_{61} = -\sum_{i=1}^{t} r_i \ln(r_i) \tag{7.6}$$

用于衡量社会状况的社会条件（R_7）指标有 3 个：人均地区生产总值（R_{71}）、人口密度（R_{72}）和就业公平性（R_{73}）。人口密度由每单位面积人口总数决定，即

人口规模 n 除以城市面积 a。

4. 适应能力指标

适应能力子系统有一个因素：制度学习机制，用于评估以往灾难经验的指标。有前瞻性的政府往往具有更高的适应能力。一般来说，对基础设施的投资和将灾害经验转化为政策的情况可用来评估城市政府的适应能力。

7.3.2　基于 VIKOR 的赋权和信息集结

本章选择 VIKOR 作为聚合方法的原因如下：①VIKOR 降低了不同单元准则的归一化难度[112]。②VIKOR 得到的折中方案不仅考虑了群体效用最大化，而且考虑了个体后悔的最小值[268]。与 TOPSIS 只考虑每个方案与理想解和 NIS 之间的距离相比[264]，VIKOR 考虑了两个距离的相对重要性。因此，来自 VIKOR 的最佳方案一定是最接近理想化的方案[112]。③VIKOR 方法可以根据决策者对群体效用和个体后悔[269]的偏好得到排序结果。这样考虑了决策者的偏好，结果更加灵活。VIKOR 方法有助于找到有冲突的准则集[269]的多准则决策问题的折中方案，并且最近其被扩展到能够处理三角形模糊值[270]和梯形模糊数[271]。

然而，传统的 VIKOR 方法不能处理混合不确定信息。因此，本章对传统的VIKOR 方法进行了扩展，使用扩展的 VIKOR 方法来处理混合的明确、随机和犹豫模糊信息。一些研究已经将传统的多准则决策问题的方法从对所有清晰数据的量化分析扩展到犹豫模糊环境下的评估值。例如，Gitinavard 等[272]提出了迟疑模糊层次 TOPSIS 方法。Borujeni 和 Gitinavard[252]提出了一种不精确的最后聚合偏好选择指标方法，并结合了犹豫模糊集和偏好关系方法。此外，区间值迟疑模糊集在决策和加权方法中也被广泛运用[273]。

在混合 VIKOR 模型中，$A_i(i=1,2,\cdots,m)$ 表示备选方案；$C_j(j=1,2,\cdots,n)$ 表示每个备选方案的标准；x_{ij} 表示明确指标，j 表示明确集 J_C 和犹豫模糊集 J_H 中的元素；$\tilde{x}_{ij}$ 表示犹豫模糊指标；l_{ij} 表示犹豫模糊指标 $\tilde{x}_{ij}$ 的长度。

步骤 1：确定专家权重 ω^E。通过最小化专家评价的分歧、最大化群体评价共识来确定专家权重[251,264]。本章应用以下基于模糊欧氏距离的模型，使两个专家之间的犹豫模糊评分距离之和最小，从而确定专家的权重[251]。

$$\min_{\omega_p^E} D = \sum_{i=1}^{m} \sum_{j \in J_H} \sqrt{\frac{1}{L} \sum_{l=1}^{L} \sum_{p=1}^{g} \sum_{q=1,q \neq p}^{g} (\omega_p^E f_{p,ij} - \omega_q^E f_{q,ij})^2} \qquad (7.7)$$

$$
\text{s.t.}
\begin{cases}
f_{p,ij} = \left\{ f_{p,ij}^l \mid l=1,2,\cdots,L,\ p=1,2,\cdots,g,\ j \in J_H, i=1,2,\cdots,m \right\} \\
f_{q,ij} = \left\{ f_{q,ij}^l \mid l=1,2,\cdots,L,\ q=1,2,\cdots,g,\ q \neq p,\ j \in J_H,\ i=1,2,\cdots,m \right\} \\
\sum_{p=1}^{g} \omega_p^E = 1 \\
\omega_p^E, \omega_q^E \geqslant 0,\ p,q=1,2,\cdots,m
\end{cases}
\tag{7.8}
$$

其中，$f_{p,ij}^l$ 表示第 p 个专家对备选方案 A_i 的 $C_j(j \in J_H)$ 进行评估时犹豫模糊判断的第 l 个数。由于该模型能够计算出各专家对之间的最小欧氏距离，从而达到最大共识，专家权重为 $\omega^E = \left\{ \omega_1^E, \cdots, \omega_p^E, \cdots, \omega_g^E \right\}$。

步骤 2：确定标准权重 ω^C，采用犹豫模糊环境[251]的加权平均算子法确定准则权重。首先，应用原始犹豫模糊数 z_{pj} 来确定指标权重。其次，将原始犹豫模糊数 z_{pj} 扩展到相同长度 L[149]，并将专家权重应用于这些扩展的犹豫模糊数 $\tilde{z}_{pj} = \left\{ \omega_p^E z_{pj}^l \mid l=1,2,\cdots,L,\ p=1,2,\cdots,g,\ j=1,2,\cdots,n \right\}$，其中 z_{pj}^l 表示 z_{pj} 中的第 l 个数。再次，采用加权平均算子法确定各犹豫模糊判断的参数 (μ_j, ν_j, π_j) $(j \in J_C \bigcup J_H)$，具体如下所示：

$$
\begin{cases}
\mu_j = \sum_{p=1}^{g} \tilde{z}_{pj}^1 \\
\nu_j = \sum_{p=1}^{g} \dfrac{1}{L-2} (\tilde{z}_{pj}^2 + \tilde{z}_{pj}^3 + \cdots + \tilde{z}_{pj}^{L-1}) \\
\pi_j = \sum_{p=1}^{g} \tilde{z}_{pj}^L
\end{cases}
\tag{7.9}
$$

最后，得到标准权重 $\omega^C = \left\{ \omega_j^C \mid j \in J_C \bigcup J_H \right\}$ 为

$$
\omega_j^C = \frac{\mu_j + \pi_j \left(\dfrac{\mu_j}{\mu_j + \nu_j} \right)}{\sum_{j=1}^{n} \left[\mu_j + \pi_j \left(\dfrac{\mu_j}{\mu_j + \nu_j} \right) \right]}
\tag{7.10}
$$

步骤 3：构造犹豫模糊决策矩阵 D，并对决策矩阵进行规范化处理。

$$
D =
\begin{array}{c}
\\
A_1 \\
A_2 \\
\vdots \\
A_m
\end{array}
\begin{array}{c}
\begin{array}{ccccc}
C_1 & \cdots & C_j & \cdots & C_n
\end{array} \\
\begin{pmatrix}
x_{11} & \cdots & \tilde{x}_{1j} & \cdots & \tilde{x}_{1n} \\
x_{21} & \cdots & \tilde{x}_{2j} & \cdots & \tilde{x}_{2n} \\
\vdots & & \vdots & & \vdots \\
x_{m1} & \cdots & \tilde{x}_{mj} & \cdots & \tilde{x}_{mn}
\end{pmatrix}
\end{array}
\tag{7.11}
$$

在该决策矩阵中，x_{ij} 和 $\tilde{x}_{ij}$ 分别表示明确指标和随机指标，其中随机值为 6.2.2 中所述指标分布的期望值。

$$\tilde{x}_{ij}^l = \left\{ \sum_{p=1}^{g} \omega_p^E f_{p,ij}^l \,|\, l=1,2,\cdots,L, \ i=1,2,\cdots,m, \ j \in J_H \right\}$$

表示犹豫模糊指标，$g_{ij}, j \in J_C$ 和 $\tilde{g}_{ij}, j \in J_H$ 为指标 J_C 和 J_H 的矢量归一化，然后得到归一化决策矩阵 N，如下所示。

$$N = \begin{array}{c} \\ A_1 \\ A_2 \\ \vdots \\ A_m \end{array} \begin{array}{ccccc} C_1 & \cdots & C_j & \cdots & C_n \\ \left(\begin{array}{ccccc} g_{11} & \cdots & \tilde{g}_{1j} & \cdots & \tilde{g}_{1n} \\ g_{21} & \cdots & \tilde{g}_{2j} & \cdots & \tilde{g}_{2n} \\ \vdots & & \vdots & & \vdots \\ g_{m1} & \cdots & \tilde{g}_{mj} & \cdots & \tilde{g}_{mn} \end{array} \right) \end{array} \quad (7.12)$$

其中，

$$g_{ij} = \left\{ \frac{g_{ij}}{\sqrt{\sum g_{ij}^2}} \,|\, i=1,2,\cdots,m, \ j \in J_C \right\}$$

$$\tilde{g}_{ij} = \left\{ \frac{\tilde{g}_{ji}^l}{\sqrt{\sum \tilde{g}_{ij}^{l2}}} \,|\, l=1,2,\cdots,L, \ i=1,2,\cdots,m, \ j \in J_H \right\}$$

步骤 4：计算曼哈顿距离。$\tilde{g}_j^+$ 为最大效益标准，与系统目标正相关，$\tilde{g}_j^-$ 为最小成本标准，与系统目标负相关。基于参数 $\varepsilon(\tilde{g}_{ij})$ 和 $\xi(\tilde{g}_{ij})$，可以对犹豫模糊数进行排序。这两个参数的计算方法如下。如果 $\varepsilon(\tilde{g}_1) < \varepsilon(\tilde{g}_2)$，则 $\max \tilde{g}_i = \tilde{g}_2$，$\min \tilde{g}_i = \tilde{g}_1$；如果 $\varepsilon(\tilde{g}_1) = \varepsilon(\tilde{g}_2)$，$\xi(\tilde{g}_1) < \xi(\tilde{g}_2)$，则 $\max \tilde{g}_i = \tilde{g}_1$，$\min \tilde{g}_i = \tilde{g}_2$；如果 $\varepsilon(\tilde{g}_1) = \varepsilon(\tilde{g}_2)$，$\xi(\tilde{g}_1) = \xi(\tilde{g}_2)$，则 $\max \tilde{g}_i = \min \tilde{g}_i = \tilde{g}_1 = \tilde{g}_2$。根据这个原则，可以得到 $\tilde{g}_j^+$ 和 $\tilde{g}_j^-$。

$$\varepsilon(\tilde{g}_{ij}) = \frac{1}{L} \sum_{l=1}^{L} \tilde{g}_{ij}^l \quad (7.13)$$

$$\xi(\tilde{g}_{ij}) = \frac{1}{L} \sum_{\tilde{g}_{ij}^l, \tilde{g}_{ij}^{l'} \in \tilde{g}_{ij}} \sum_{l=2}^{l_{ij}} (\tilde{g}_{ij}^l - \tilde{g}_{ij}^{l'2}) \quad (7.14)$$

比较 $\tilde{g}_{ij}$ 进而确定每个效益类型标准的 $\tilde{g}_j^+ = \max\{\tilde{g}_{ij} \,|\, i=1,2,\cdots,m\}$ 和 $\tilde{g}_j^- = \min\{\tilde{g}_{ij} \,|\, i=1,2,\cdots,m\}$。遵循同样的规则，$g_j^+$ 和 g_j^- 也被确定。遵循与成本类型标准相反的规则，则 $\tilde{g}_j^+ = \min\{\tilde{g}_{ij} \,|\, i=1,2,\cdots,m\}$，$\tilde{g}_j^- = \max\{\tilde{g}_{ij} \,|\, i=1,2,\cdots,m\}$。在犹豫模糊 VIKOR 方法中，利用曼哈顿距离将所有犹豫模糊值 $\tilde{g}_{ij}$ 转化为标

准距离 $d(\tilde{g}_{ij}, \tilde{g}_j^+)$ 。

$$d(\tilde{g}_{ij}, \tilde{g}_j^+) = \frac{1}{L}\sum_{l=1}^{L} |\tilde{g}_{ij}^l - \tilde{g}_j^{+l}| \qquad (7.15)$$

运用式（7.15），可以得到 $d(\tilde{g}_j, \tilde{g}_j^-)$ 。

对于标准指标，将各指标的备选项值进行排序。在确定 $\max g_{ij}$ 和 $\min g_{ij}$ 后，可以计算出 $d(g_{ij}, g_j^+) = |g_{ij} - g_j^+|$，$i = 1, 2, \cdots, m$，$j = 1, 2, \cdots, n$ 和 $d(g_j^+, g_j^-) = |g_j^+ - g_j^-|$，$j = 1, 2, \cdots, n$ 。

步骤 5：确定团队效用 S_i 和个体后悔值 R_i 。效益标准公示如下，成本标准则使用相反的公式。

$$S_i = \sum_{j\in J_H} \frac{\omega_j^C d(\tilde{g}_{ij}, \tilde{g}_j^+)}{d(\tilde{g}_j^+, \tilde{g}_j^-)} + \sum_{j\in J_C} \frac{\omega_j^C d(g_{ij}, g_j^+)}{d(\tilde{g}_j^+, \tilde{g}_j^-)} \qquad (7.16)$$

$$R_i = \max_j \frac{\omega_j^C d(\tilde{g}_{ij}, \tilde{g}_j^+)}{d(\tilde{g}_j^+, \tilde{g}_j^-)},\ j \in J_H \qquad (7.17)$$

$$R_i = \max_j \frac{\omega_j^C d(g_{ij}, g_j^+)}{d(g_j^+, g_j^-)},\ j \in J_C \qquad (7.18)$$

为进行犹豫模糊折中测量，计算 $S^* = \min S_i$，$S^- = \max S_i$，$R^* = \min R_i$，$R^- = \max R_i$ 。为保证 Q 值的有效性，应同时满足 $S^- \neq S^*$ 和 $R^- \neq R^*$ 。标准必须有意义，才能避免同样的效用或相同的后悔值。当这种情况发生时，将用到特定的 Q 值[274]。如果 $S^- = S^*$，Q 应该修改为 $\frac{R_i - R^*}{R^- - R^*}$ 。如果 $R^- = R^*$，Q 应该修改为 $\frac{S_i - S^*}{S^- - S^*}$ 。当效用值和后悔值都相同时，VIKOR 方法无法处理这一问题。

步骤 6：确定 ν 和 Q_i 。ν 是整个评价体系中效用最大化策略的权重。ν 越大，标准间的偏好差异越小。在不丧失一般性的情况下，ν 取 0.5。Q_i 是通过群体效用和个体后悔值的距离总和计算的。备选方案越好，Q_i 越小。

$$Q_i = \frac{\nu(S_i - S^*)}{S^- - S^*} + \frac{(1-\nu)(R_i - R^*)}{R^- - R^*} \qquad (7.19)$$

步骤 7：排列 S_i，R_i，Q_i，并确定折中的解决方案。

折中方案 A_i 应同时满足以下两个条件。

条件 1：备选方案同时满足 $S_{\bar{1}}$ 和 $R_{\bar{1}}$，表明 A_i 的 S 和 R 最小。用 $\bar{}$ 标记数字序号。例如，$S_{\bar{w}}$，$w = 1, 2, \cdots, W$，其中 W 是方案 i 中所有 S_i 的最小值。

$$S_{\bar{1}} < S_{\bar{2}} < \cdots < S_{\bar{W}}, R_{\bar{1}} < R_{\bar{2}} < \cdots < R_{\bar{V}} \qquad (7.20)$$

条件 2：排列 Q_i 为 $Q_{\bar{1}} < Q_{\bar{2}} < \cdots < Q_{\bar{Z}}$ 。

$$Q_{\tilde{2}} - Q_{\tilde{1}} \geqslant \frac{1}{m-1} \qquad (7.21)$$

如果不满足条件 1，则 $A_{\tilde{1}}$ 和 $A_{\tilde{2}}$ 都是折中解。如果不满足条件 2，则所有 $Q_{\tilde{z}} - Q_{\tilde{1}} < \frac{1}{m-1}$ 的方案 A_i 都是折中解。

综上所述，本章提出的 VIKOR 信息聚合方法对传统的 VIKOR 信息聚合方法进行了扩展。首先，该方法应用犹豫模糊理论，允许专家通过不同的语言术语对语言变量进行评价，降低了专家评价的主观模糊性。其次，通过所提出的最小分歧模型得到各专家的权重。与传统 VIKOR 模型中人为给定权重相比，该模型增加了最大群体一致性，提高了结果的可靠性。最后，该方法对传统的 VIKOR 方法进行了扩展，使其适应混合的清晰和犹豫模糊信息。此外，对于不同类型的模糊集，还采用态度偏好方法将语言犹豫模糊集扩展到相同长度，有助于降低信息聚集的难度。

7.4 中国沿海五城市的洪水灾害可恢复性评价案例

7.4.1 案例描述

本节将城市洪水恢复性评价模型应用于中国沿海五个城市：A_1，A_2，A_3，A_4 和 A_5。所有这些城市都位于中国东南部的沿海地区，它们都具有城市化程度高、经济发展速度快、洪水发生频率高的特点。

城市洪水恢复性评价系统采用了犹豫模糊混合信息。在这个评价体系中，有些指标无法用精确的数字进行评价，如一个城市的制度学习机制。因此，对这些指标采用专家评价。为了避免强迫专家提供非黑即白或精确的评估，应用犹豫模糊方法处理这个问题。犹豫模糊性允许专家提供几种语言评估。通过这种方法，犹豫模糊的应用增加了专家评估的灵活性。本章还将该方法应用于我国 5 个沿海城市的模糊信息处理中。

7.4.2 案例计算

表 7.2 数据取自 2018 年 12 月之前案例分析区域的相关统计年鉴和官方网站。五位来自灾害管理部门的专家所提供的犹豫模糊评价数据如表 7.3 所示。

表 7.2　J_C 案例数据

指标	A_1	A_2	A_3	A_4	A_5
R_{14}	41.80%	48.00%	36.53%	38.30%	45.00%
R_{41}	51.83%	47.69%	50.40%	48.50%	48.20%
R_{42}	5.26%	5.67%	4.67%	4.09%	5.30%
R_{43}	18.14%	22.70%	20.30%	18.74%	18.70%
R_{51} /（所/1000 人）	9.8010	4.7610	4.6020	5.5340	6.2350
R_{52} /（人/1000 人）	5.2300	145.0400	60.4700	103.8000	119.8000
R_{61}	0.5153	0.8820	0.8168	0.9782	0.7707
R_{62} /（元/月）	4811.0000	3605.0000	4587.0000	6378.0000	4620.0000
R_{71} /（元/人）	224556.7400	89386.5200	108513.3000	122413.9600	126011.0400
R_{72} /（m²/1000 人）	0.8280	1.7261	1.2262	0.2754	0.7915

表 7.3　J_H 案例数据

J_H	备选方案	z_1	z_2	z_3	z_4	z_5
R_{11}	A_1	(0.50, 0.67, 0.83)	(0.83)	(0.50, 0.67)	(0.50, 0.67)	(0.67)
	A_2	(0.67, 0.75, 0.83)	(0.67)	(0.50, 0.67)	(0.50)	(0.67)
	A_3	(0.50)	(0.33, 0.50, 0.67)	(0.50)	(0.67)	(0.33, 0.50)
	A_4	(0.67)	(0.50, 0.67, 0.83)	(0.50, 0.67)	(0.50, 0.67)	(0.67, 0.75, 0.83)
	A_5	(0.67, 0.75, 0.83)	(0.67)	(0.67)	(0.83)	(0.5, 0.67, 0.83)
R_{12}	A_1	(0.50, 0.67)	(0.33, 0.50, 0.67)	(0.50)	(0.67)	(0.67, 0.75, 0.83)
	A_2	(0.67, 0.75, 0.83)	(0.50, 0.67, 0.83)	(0.67)	(0.83)	(0.67, 0.75, 0.83)
	A_3	(0.67, 0.75, 0.83)	(0.50, 0.67)	(0.67)	(0.67, 0.75, 0.83)	(0.50)
	A_4	(0.67)	(0.50)	(0.50, 0.67)	(0.33, 0.50)	(0.67)
	A_5	(0.67, 0.75, 0.83)	(0.83)	(0.67)	(0.83)	(0.50, 0.67)
R_{13}	A_1	(0.50)	(0.33, 0.50)	(0.33)	(0.33, 0.50, 0.67)	(0.33)
	A_2	(0.33, 0.50)	(0.50, 0.67)	(0.67)	(0.50)	(0.67)
	A_3	(0.33)	(0.50)	(0.33)	(0.33, 0.50)	(0.50)
	A_4	(0.50, 0.67)	(0.33, 0.50, 0.67)	(0.50)	(0.33, 0.50)	(0.67)
	A_5	(0.67)	(0.50, 0.67)	(0.50)	(0.50)	(0.67)
R_{21}	A_1	(0.33, 0.50)	(0.33, 0.50)	(0.33)	(0.33, 0.50)	(0.50)
	A_2	(0.50, 0.67)	(0.50, 0.67)	(0.67)	(0.67)	(0.67, 0.75, 0.83)
	A_3	(0.83)	(0.67, 0.75, 0.83)	(0.67, 0.75, 0.83)	(0.50, 0.67)	(0.67, 0.75, 0.83)
	A_4	(0.50)	(0.33, 0.50, 0.67)	(0.33, 0.50)	(0.33, 0.50, 0.67)	(0.50)
	A_5	(0.50)	(0.67)	(0.50, 0.67)	(0.50, 0.67)	(0.67)

续表

J_H	备选方案	z_1	z_2	z_3	z_4	z_5
R_{22}	A_1	(0.5)	(0.33, 0.5, 0.67)	(0.33)	(0.33)	(0.5)
	A_2	(0.5, 0.67)	(0.5)	(0.5, 0.67, 0.83)	(0.67, 0.75, 0.83)	(0.67)
	A_3	(0.83)	(0.67, 0.75, 0.83)	(0.83)	(0.5, 0.67)	(0.67, 0.75, 0.83)
	A_4	(0.33, 0.5)	(0.5)	(0.5, 0.67)	(0.33, 0.5, 0.67)	(0.5)
	A_5	(0.5, 0.67)	(0.5)	(0.67)	(0.5, 0.67)	(0.67)
R_{31}	A_1	(0.67, 0.75, 0.83)	(0.5, 0.67)	(0.33, 0.5, 0.67)	(0.5)	(0.67)
	A_2	(0.33, 0.5, 0.67)	(0.5)	(0.5, 0.67)	(0.67)	(0.5)
	A_3	(0.33, 0.5)	(0.5)	(0.5, 0.67)	(0.5)	(0.5)
	A_4	(0.5)	(0.5, 0.67, 0.83)	(0.67)	(0.5, 0.67)	(0.67)
	A_5	(0.67)	(0.5)	(0.5)	(0.67)	(0.67)
R_{53}	A_1	(0.67, 0.75, 0.83)	(0.5, 0.67)	(0.5, 0.67)	(0.67)	(0.67)
	A_2	(0.5, 0.67)	(0.5)	(0.5)	(0.33, 0.5, 0.67)	(0.33, 0.5)
	A_3	(0.67)	(0.67)	(0.5, 0.67)	(0.5, 0.67)	(0.67, 0.75, 0.83)
	A_4	(0.67, 0.75, 0.83)	(0.83)	(0.67)	(0.5, 0.67, 0.83)	(0.83)
	A_5	(0.67)	(0.67, 0.75, 0.83)	(0.67, 0.75, 0.83)	(0.83)	(0.67)
R_{63}	A_1	(0.33, 0.5)	(0.33)	(0.33, 0.5, 0.67)	(0.5)	(0.33, 0.5)
	A_2	(0.5)	(0.5)	(0.5)	(0.33, 0.5)	(0.33, 0.5)
	A_3	(0.33)	(0.5)	(0.5)	(0.33)	(0.33, 0.5)
	A_4	(0.5, 0.67)	(0.5)	(0.5)	(0.5, 0.67)	(0.33, 0.5, 0.67)
	A_5	(0.67)	(0.5)	(0.67)	(0.5, 0.67)	(0.5)
R_{73}	A_1	(0.67, 0.75, 0.83)	(0.67)	(0.5, 0.67)	(0.5, 0.67, 0.83)	(0.5)
	A_2	(0.33, 0.5)	(0.5)	(0.5)	(0.33, 0.5, 0.67)	(0.5)
	A_3	(0.5, 0.67)	(0.5)	(0.5, 0.67)	(0.67)	(0.5)
	A_4	(0.5, 0.67)	(0.67)	(0.83)	(0.5, 0.67, 0.83)	(0.5, 0.67)
	A_5	(0.67)	(0.5, 0.67)	(0.67)	(0.5, 0.67)	(0.5)
R_{81}	A_1	(0.67, 0.75, 0.83)	(0.67, 0.75, 0.83)	(0.67)	(0.83)	(0.67)
	A_2	(0.5)	(0.5)	(0.5)	(0.33, 0.5, 0.67)	(0.5)
	A_3	(0.5, 0.67)	(0.5, 0.67)	(0.5, 0.67)	(0.67)	(0.5)
	A_4	(0.67, 0.75, 0.83)	(0.67, 0.75, 0.83)	(0.83)	(0.67)	(0.5, 0.67, 0.83)
	A_5	(0.5, 0.67)	(0.5, 0.67, 0.83)	(0.5)	(0.67)	(0.5)

　　作为城市洪水恢复性评价体系模型，准确和随机指标为 J_C ={14，41，42，43，51，52，61，62，71，72}，犹豫模糊指标为 J_H ={11，12，13，21，22，31，53，63，73，81}。5 位城市灾害管理专家根据指标重要性对犹豫模糊指标进行评价，专家指标权重为 J_H，采用模型（7.7）和模型（7.8），确定权重为 ω_p ={0.195 680 728，0.201 661 819，0.202 775 830，0.199 957 506，0.199 924 116}。

采用中立态度进行扩展，将专家标准重要性判断扩展到相同长度，因此，标准权重为 $\omega_j^C, j \in J_C \bigcup J_H$（表 7.4）。

表 7.4　态度中立扩展后专家对标准重要性的判断

R_{ij}	$f_{1,ij}$	$f_{2,ij}$	$f_{3,ij}$	$f_{4,ij}$	$f_{5,ij}$
R_{11}	（0.33, 0.33, 0.33）	（0.33, 0.415, 0.5）	（0.33, 0.33, 0.33）	（0.5, 0.5, 0.5）	（0.33, 0.415, 0.5）
R_{12}	（0, 0.17, 0.33）	（0.33, 0.33, 0.33）	（0, 0, 0）	（0, 0.17, 0.33）	（0.33, 0.415, 0.5）
R_{13}	（0.33, 0.33, 0.33）	（0, 0.17, 0.33）	（0, 0.17, 0.33）	（0.33, 0.33, 0.33）	（0, 0.17, 0.33）
R_{14}	（0.33, 0.415, 0.5）	（0.5, 0.5, 0.5）	（0.33, 0.415, 0.5）	（0, 0.17, 0.33）	（0.33, 0.33, 0.33）
R_{21}	（0.67, 0.75, 0.83）	（0.83, 0.83, 0.83）	（0.83, 0.915, 1）	（1, 1, 1）	（1, 1, 1）
R_{22}	（0.83, 0.83, 0.83）	（0.83, 0.915, 1）	（1, 1, 1）	（0.83, 0.915, 1）	（0.83, 0.915, 1）
R_{31}	（0.67, 0.75, 0.83）	（0.83, 0.83, 0.83）	（0.67, 0.75, 0.83）	（0.83, 0.915, 1）	（1, 1, 1）
R_{41}	（0.5, 0.5, 0.5）	（0.5, 0.585, 0.67）	（0.33, 0.5, 0.67）	（0.83, 0.83, 0.83）	（0.5, 0.67, 0.83）
R_{42}	（0.5, 0.67, 0.83）	（1, 1, 1）	（0.83, 0.83, 0.83）	（0.5, 0.67, 0.83）	（0.83, 0.83, 0.83）
R_{43}	（0.83, 0.915, 1）	（0.83, 0.83, 0.83）	（0.83, 0.915, 1）	（1, 1, 1）	（0.83, 0.83, 0.83）
R_{51}	（0.83, 0.83, 0.83）	（1, 1, 1）	（0.83, 0.915, 1）	（0.83, 0.915, 1）	（1, 1, 1）
R_{52}	（0.83, 0.83, 0.83）	（0.67, 0.83, 1）	（0.67, 0.75, 0.83）	（0.83, 0.915, 1）	（0.67, 0.83, 1）
R_{53}	（0.67, 0.83, 1）	（0.83, 0.83, 0.83）	（1, 1, 1）	（0.83, 0.915, 1）	（0.83, 0.83, 0.83）
R_{61}	（0.5, 0.67, 0.83）	（0.33, 0.415, 0.5）	（0.5, 0.5, 0.5）	（0.5, 0.585, 0.67）	（0.33, 0.415, 0.5）
R_{62}	（0.33, 0.415, 0.5）	（0.5, 0.5, 0.5）	（0.5, 0.585, 0.67）	（0.67, 0.75, 0.83）	（0.33, 0.415, 0.5）
R_{63}	（0.5, 0.5, 0.5）	（0.5, 0.67, 0.83）	（0.5, 0.585, 0.67）	（0.33, 0.415, 0.5）	（0.33, 0.33, 0.33）
R_{71}	（0.67, 0.75, 0.83）	（0.5, 0.5, 0.5）	（0.5, 0.585, 0.67）	（0.5, 0.585, 0.67）	（0.67, 0.67, 0.67）
R_{72}	（0.83, 0.915, 1）	（1, 1, 1）	（0.5, 0.67, 0.83）	（0.67, 0.75, 0.83）	（1, 1, 1）
R_{73}	（0, 0.17, 0.33）	（0, 0.17, 0.33）	（0.33, 0.33, 0.33）	（0.33, 0.415, 0.5）	（0, 0, 0）
R_{81}	（0.83, 0.915, 1）	（0.67, 0.83, 1）	（1, 1, 1）	（0.83, 0.83, 0.83）	（0.83, 0.915, 1）

如步骤 3 所述，通过 $j \in J_C$ 时的 $\dfrac{g_{ij}}{\sqrt{\sum g_{ij}^2}}$ 和 $j \in J_H$ 时的 $\dfrac{\tilde{g}_{ij}^l}{\sqrt{\sum \tilde{g}_{ij}^{l2}}}$ 将准确信息和犹豫模糊信息归一化，然后确定归一化决策矩阵 N（表 7.5 和表 7.6）。

表 7.5　J_H 的标准化决策矩阵

N	R_{11}			R_{12}			R_{13}			R_{21}			R_{22}		
A_1	0.46	0.47	0.47	0.39	0.41	0.42	0.34	0.36	0.38	0.31	0.32	0.32	0.33	0.32	0.32
A_2	0.46	0.44	0.43	0.49	0.5	0.5	0.51	0.5	0.49	0.51	0.5	0.49	0.47	0.48	0.49
A_3	0.36	0.36	0.36	0.44	0.44	0.44	0.38	0.37	0.35	0.56	0.56	0.55	0.58	0.56	0.55
A_4	0.43	0.45	0.47	0.39	0.38	0.38	0.44	0.47	0.49	0.33	0.37	0.39	0.36	0.38	0.39
A_5	0.51	0.5	0.49	0.51	0.5	0.48	0.54	0.51	0.49	0.48	0.46	0.44	0.47	0.45	0.44

续表

N	R_{31}			R_{53}			R_{63}			R_{73}			R_{81}		
A_1	0.44	0.47	0.48	0.44	0.44	0.44	0.36	0.39	0.42	0.47	0.48	0.49	0.53	0.52	0.5
A_2	0.42	0.43	0.44	0.31	0.34	0.36	0.43	0.42	0.42	0.36	0.37	0.37	0.35	0.35	0.35
A_3	0.39	0.39	0.39	0.44	0.44	0.44	0.4	0.38	0.36	0.44	0.43	0.42	0.41	0.41	0.42
A_4	0.47	0.48	0.49	0.51	0.51	0.5	0.46	0.49	0.51	0.5	0.51	0.51	0.51	0.52	0.52
A_5	0.5	0.47	0.44	0.51	0.5	0.48	0.56	0.53	0.51	0.44	0.43	0.42	0.41	0.41	0.42

表 7.6　J_c 的标准化决策矩阵

N	R_{14}	R_{41}	R_{42}	R_{43}	R_{51}	R_{52}	R_{61}	R_{62}	R_{71}	R_{72}
A_1	0.44	0.47	0.47	0.41	0.68	0.02	0.29	0.44	0.71	0.34
A_2	0.51	0.43	0.5	0.51	0.33	0.65	0.49	0.33	0.28	0.71
A_3	0.39	0.46	0.42	0.46	0.32	0.27	0.45	0.42	0.34	0.51
A_4	0.41	0.44	0.36	0.42	0.38	0.46	0.54	0.58	0.39	0.11
A_5	0.48	0.44	0.47	0.42	0.43	0.54	0.43	0.42	0.4	0.33

　　城市洪水恢复性评价体系的成本型指标为 $\{R_c\}=\{R_{41},R_{42},R_{43},R_{72}\}$，效益型指标类型为 $\{R_b\}=\{R_j\}-\{R_c\}$。指标分离后，应用曼哈顿距离 $d(\tilde{g}_{ij},\tilde{g}_j^+)$，$d(g_{ij},g_j^+)$，$d(\tilde{g}^+,\tilde{g}_j^-)$ 和 $d(g^+,\tilde{g}_j^-)$。

$$d(\tilde{g}_{ij},\tilde{g}_j^+)=\frac{1}{L}\sum_{l=1}^{L}|\tilde{g}_{ij}^l-\tilde{g}_j^{+l}|,\ j\in J_H,\ \ d(g_{ij},g_j^+)=|g_{ij}-g_j^+|,j\in J_C \qquad (7.22)$$

　　应用式（7.20）和式（7.21），可得到每个城市的群体效用（$S_i=\{0.5210,0.4927,0.5720,0.5288,0.4523\}$）和个体后悔值（$R_i=\{0.0724,0.0722,0.0745,0.0677,0.0629\}$）。结果发现，$A_5$ 的群体效用最大，个体后悔值最小。在不丧失一般性的情况下，将 ν 设置成 0.5，并求解 VIKOR 指数 Q_i（表 7.7）。两个最小的 Q_i 差值为 0.527，大于 0.250，满足条件 1 和条件 2，A_5 是城市抗洪能力最强的折中方案。

表 7.7　结果与比较

备选方案	最大共识模型确定专家权重 VIKOR		等权重 VIKOR		TOPSIS	
	Q_i	排序	Q_i	排序	$\dfrac{S_i^-}{S_i^-+S_i^+}$	排序
A_1	0.6959	4	0.6855	4	0.4574	3
A_2	0.5700	3	0.5935	3	0.3860	4
A_3	1.0000	5	1.0000	5	0.3769	5
A_4	0.5269	2	0.5169	2	0.6530	1
A_5	0	1	0	1	0.6141	2

根据结论，得到 $Q_5 < Q_4 < Q_2 < Q_1 < Q_3$，城市抗洪能力的优先级顺序为 $A_5 < A_4 < A_2 < A_1 < A_3$。为了验证 A_5 是否为折中解，计算得 $Q_4 - Q_5 = 0.527 > \dfrac{1}{m-1} = 0.250$，同时满足了 2 个条件。因此，$A_5$ 的城市洪水恢复能力最高。

7.4.3　灵敏性分析

当专家的权重相等时，一名专家与另一名专家评估得分的欧氏距离的加权和为 1.3558。当专家的权重来自最大共识模型时，距离显著减小，群体一致度提高。这两种加权方法的排名完全相同（表 7.7）。因此，与传统方法相比，最大共识模型也得到了有效的结果。此外，最大共识模型比等权法具有更高的一致性。

在此基础上，以最大共识模型确定权重，采用 TOPSIS 方法对备选方案进行排序。从结果（表 7.7）中可以看出，A_3 在 TOPSIS 中的排名与本章方法的排名相同，而其他备选方案的排名有所变化，主要原因是 VIKOR 和 TOPSIS 的不同特性。第一，为了统一准则的单位，VIKOR 采用了线性归一化，而 TOPSIS 采用了向量归一化。第二，运算逻辑不同对于 TOPSIS，需要满足到 PIS 的距离最小和到 NIS 的距离最大，而 VIKOR 使用到理想解距离的聚合函数。第三，VIKOR 通过参数来考虑决策者在群体效用和个体后悔之间的偏好，从而得出不同的排序结果。

如表 7.7 所示，如果 ν 为 0.5，对决策者来说，效用值和后悔值是没有区别的。A_1、A_2、A_3、A_4、A_5 的 Q_i 值分别是 0.6959、0.5700、1.0000、0.5269、0，A_5 的城市抗洪能力强于其他 4 个城市，基于 VIKOR 指数 Q_i，城市洪水恢复力由高到低的排序分别为 A_5、A_4、A_2、A_1 和 A_3。如果 ν 为 0，只有 R_i 影响 Q_i，通过这种方式，管理者可以获得提高城市抗洪能力的具体标准。例如，根据表 7.7 中的排序和表 7.8 中的个体后悔值分数，这些城市的医疗能力（R_{51}）需要提高，而就业公平性不需要很大改善。

表 7.8　个体后悔值分数

备选方案	R_{11}	R_{12}	R_{13}	R_{14}	R_{21}	R_{22}	R_{31}	R_{41}	R_{42}	R_{43}
A_1	0.01	0.01	0.01	0.01	0.07	0.07	0.01	0	0.02	0.07
A_2	0.01	0	0	0	0.02	0.03	0.04	0.05	0	0
A_3	0.03	0.01	0.01	0.03	0	0	0.07	0.02	0.04	0.04
A_4	0.01	0.01	0	0.02	0.06	0.06	0	0.04	0.06	0.06
A_5	0	0	0	0.01	0.03	0.03	0.02	0.04	0.01	0.06

续表

备选方案	R_{51}	R_{52}	R_{53}	R_{61}	R_{62}	R_{63}	R_{71}	R_{72}	R_{73}	R_{81}
A_1	0	0.06	0.03	0.04	0.02	0.04	0	0.04	0	0
A_2	0.07	0	0.07	0.01	0.04	0.03	0.05	0	0.01	0.07
A_3	0.08	0.04	0.03	0.01	0.03	0.04	0.04	0.02	0.01	0.05
A_4	0.06	0.02	0	0	0	0.01	0.04	0.07	0	0.01
A_5	0.05	0.01	0	0.02	0.03	0	0.04	0.04	0.01	0.05

　　在该方法中，最大群体效用 v 的策略权重在 0 到 1 之间。灵敏性分析考虑不同的 v 值，得到 5 个备选 Q_i 值，如图 7.5 所示。结果表明，无论 v 值是多少，A_5 均为城市洪水恢复力水平最高的城市。因此，得到的结果是稳健的，A_5 具有最高的抗洪能力。另外，根据 Q_i 随 v 的变化趋势，分析得到了决策者群体效用偏好和个体后悔程度对不同备选方案等级的影响。结果表明，A_3 和 A_5 的排名均不受 v 值的影响，说明两种方案的结果均具有最大的群体效用和最小的个体后悔值，A_3 和 A_5 的排名结果是稳健的。随着 v 值的增加，A_4 的排名下降。这意味着当决策者将注意力集中在最小的个体后悔值上时，A_4 的排名就会提高。反之，随着 v 值的增加，A_1 和 A_2 的 v 值提高。因此，随着最大群体效用重要性的增加，A_1 和 A_2 的排名会更高。

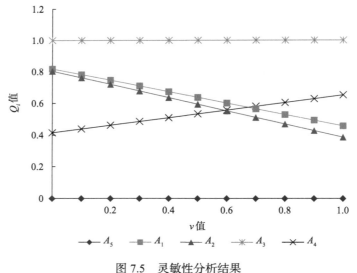

图 7.5　灵敏性分析结果

7.4.4　对策建议

本节研究中发现了 3 个整体性问题并给出了建议。

（1）加强对弱势群体的应急培训。这 5 个城市在关注弱势群体教育文化建设的同时，普遍忽视了弱势群体的应急能力。15 岁以下和超过 65 岁的人口平均占总人口的 20%，A_2 和 A_3 城市的该比例更高。因此，提高弱势群体的抗洪能力有助于提高城市整体的抗洪能力。

（2）继续扩大绿色基础设施覆盖率，修复水文基础设施。在洪水调度过程中，材料可恢复性和整体网络可恢复性都至关重要，然而，一些水利部门只关注其中的一项，导致恢复效率低下。水利部门需要确保水文基础设施在汛期前得到持续的维护和修复，并在汛期实施运营规划。在发展绿色基础设施时，也需要更多地关注海绵城市概念的发展，包括覆盖植物的屋顶、用于储存雨水的风景湿地和存储多余径流的透水人行道。然而，虽然这 5 个城市采纳了其中的一些概念，洪水恢复功能却被忽略了。因此，需要更多的关注来确保绿色基础设施处于良好的工作状态，并能够提供持续的长期保护。

（3）增加执业医师和医院的数量。在人口密度高的城市，目前的医疗能力不足以应对洪水紧急情况下的需求。例如，A_1 三级甲等医院执业医师人数不匹配，加大了医生的救援压力。因此需要不断改善医疗条件，以消除这种不匹配，提高抗洪能力。

根据评价结果，对各城市提出以下建议。

（1）如前所述，A_1 需要通过加大医院建设的资本投资来改善医疗条件。由于 A_1 的经济能力较强，人口密度较低，因此其恢复和适应能力较强，绿色基础设施建设较好，防洪闸门维护较好。

（2）A_2 和 A_3 人口密度大。资源整合和区域发展可以缓解高人口密度的压力，也可以改善经济状况。5 个城市中，A_3 的预警效率最高，因为 A_3 更注重防洪闸门的维护。因此，A_3 具有较高的防灾抗灾能力。然而，A_3 现在需要关注的是其应对洪水的能力，以确保资源可用性和人口密度之间的适当平衡。

（3）A_4 和 A_5 的城市抗洪能力基本相似。虽然 A_4 的经济指标较好，人口密度较低，但 A_5 的资源分布水平较高，预警效率较高。指标权重表明，洪涝灾害应对能力是城市洪水恢复体系中最重要的组成部分。因此，A_5 的城市洪水恢复力最高。然而 A_4 的适应能力和恢复能力在 5 个城市中是最高的，但对洪水的应对和防控能力仍需要更多的关注，尤其需要进一步发展生态环境、水文基础设施和预警能力。

根据评价结果，这些建议适用于这 5 个城市。此外，所提出的城市洪水恢复力评价体系和多准则决策方法也适用于其他地区。其他城市的管理者也可以使用该评价体系来评估城市的抗洪能力水平，寻找具体的改进标准。

7.5　本　章　小　结

本章的基本主旨如下：一些城市的洪水是不可避免的，确保城市的洪水可恢复性至关重要。本章提出的多准则决策方法为城市抗洪能力评价提供了一种有益的方法。通过这种方式，我们得出了一些提高城市洪水恢复力的见解。本章的主要贡献有：①提出了一种混合信息的综合洪水恢复力评价指标体系——针对灾害周期各阶段的准确、随机、犹豫模糊指标。②城市洪水恢复力指标中犹豫模糊性的考虑增加了专家语言判断的灵活性。③在等权重的情况下，所提出的加权方法比传统的 VIKOR 方法具有更高的群体一致性。④对传统的 VIKOR 方法进行了扩展，使其能够处理混合信息。⑤对提高中国东南沿海 5 个城市的抗洪能力提出了切实可行的管理建议。

结果表明，5 个城市从最佳备选城市到最差备选城市的排名分别为 A_5、A_4、A_2、A_1、A_3。从灵敏性分析来看，A_3 和 A_5 的排名是稳健的，其他城市的排名随着参数的变化而变化。

第8章 水资源开发项目场地布置动态多目标评价

8.1 水资源开发项目场地布置问题背景

有效的施工场地设施布局是保证任何在建项目成功的基础性工作，对于水资源开发项目，尤其是大型建设项目的施工成本、施工安全等重要方面都有着显著的影响。自从 Yeh 提出该问题后[275]，在水资源开发项目场地布置问题方面已有大量的研究成果。

设施布局或场地布置通常被看作二次分配问题，即指派 L 个设施到 L 个或多于 L 个指定的位置上的优化问题，水资源开发项目场地布局也不例外。之前的研究主要集中于单目标设施布局模型的研究。事实上，一个好的建筑设施布局要求布局决策能够满足多个竞争的，甚至是相互冲突的目标，如最大化操作有效性、最小化施工成本、保持最良好的员工积极性及最小化资源运输时间和距离。除此之外，技术因素、法律义务和安全许可限制也是重要的考量。正如 Turskis 等所指出的，施工设计与管理决策问题的复杂性要求实施者在考量一系列施工规则、费用和有效性因素及纯技术因素的基础上做出决策[276]。此外，之前的水资源开发项目场地布置倾向于静态布局[275,277]。静态水资源开发项目设施布局假设在不同的施工阶段、不同的施工工作要求情况下，设施的安排是不变的，从而忽略了空间重复利用、设施重新布局、资源所需空间变化的可能性。

由于静态建筑施工布局的假设常常不符合实际情况，已有越来越多的研究致力于解决动态建筑施工场地布局问题。例如，Ning 等用连续动态搜索方案来引导最大–最小蚁群算法来求解动态建筑施工场地布局问题[278]，在后续研究中，他们进一步提出了一个可计算的决策系统来求解动态的、多目标的和不等面积的水资源开发项目场地布置问题[279]。在施工场地布局实践中，有两种类型的不确定性：

一类来自内部，如决策者的推测、估计及不同决策者的意见分歧，这种不确定是主观的；另一类来自外部，如设备故障、资源价格、施工操作时间的变化，这种不确定性是客观的。这两类不确定性可以分别由不同的不确定变量来描述，即用随机变量来描述客观不确定，用模糊变量来描述主观不确定。目前的建筑施工场地动态布局研究中的不确定研究主要是模糊不确定[280]。在实际情况中，主观不确定、客观不确定是同时存在的，因此模糊与随机不确定需要同时考虑。然而，到目前为止，还没有综合考虑多目标、动态及双重不确定的施工场地布局问题研究。从实际的角度来看，施工场地布局是动态的、复杂不确定的，而且需要满足多个冲突的目标。因此本章提出了在模糊随机情形下，水资源开发项目施工场地动态多目标布局模型及求解算法。Mawdesley 和 Al-Jibouri 提出，场地的设施布局需要专注于如下四个主要方面[281]：①建立更符合实际情况的模型；②考虑时间因素，延伸已有模型（动态布局）；③加入不确定性；④加入多重评价规则，对于具体类型的布局建立特定模型。多目标、复杂不确定、动态的施工场地布局建模及实际的案例研究在这四个方面都是有益的探索。

对于设施布局模型的解法，有两类方法：精确方法和启发式方法。由于该问题的组合本质，精确方法只适用于小型问题，对于规模较大的问题，启发式方法有着显著的优越性。在目前的研究中，人工智能、进化算法、群体智能和计算机辅助设计已经被用于求解施工设施布局问题，其中，遗传算法被采用得最多。另一个进化算法——粒子群算法，对比其他基于种群的随机搜索智能算法，表现出了更优秀的搜索能力以及更快和更稳定的收敛性。Zhang 和 Wang 成功地运用粒子群算法求解了单目标静态施工场地设施布局问题，首次运用多目标粒子群算法求解了多目标施工场地布局问题[282]。

8.2　水资源开发项目场地动态布置问题描述

水资源开发项目场地布置需要把临时设施，如仓库、场地办公室、车间和批处理工厂等分配到合适的场地位置，在此过程中，需要考虑生产调度、资源分配等一系列因素。水资源开发项目场地布置可以看作在满足一系列约束的情况下，对于已明确的场地设施的优化设计问题，设施之间资源的流动或者设施之间的交互显著地影响着设施布局的有效性[275,280]。

在建筑施工设施动态布局中，不同的施工阶段，设施的布局因施工工作的要求变化而不同。例如，如图 8.1 所示，该项目持续了 n 年，分为 t 个阶段。在阶段 1，6 个临时设施被建立，分布在 8 个中的 6 个位置；在阶段 2，设施 1、2、6 仍然保持原位置，设施 8 已经关闭，而设施 7 改变了位置。在阶段 t，只有 4 个设施存在。

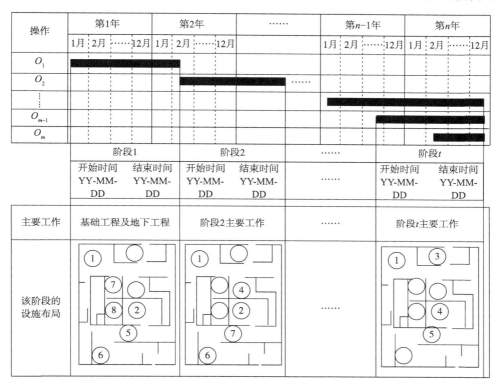

图 8.1　一个动态水资源开发项目场地布置的例子

建筑施工场地布局通常需要考虑 4 个定量因素，即物质流动（material flows，MF）、信息流动（information flows，IF）、人员流动（personnel flows，PF）和设备流动（equipment flows，EF），以及 2 个定性因素，即安全与环境问题（safety/environment concerns，SE）和用户偏好（users' preference，UP）。这 6 个因素有如下定义[278]。

（1）MF：指部件的流动，原材料、在加工部件和完成产品在设施间的流动，MF 可由单位时间流动的量来度量。

（2）IF：指设施之间的信息交流，IF 可由单位时间交流的次数来度量。

（3）PF：指需要在多于一个设施之间工作的雇员数量。

（4）EF：指需要在不同设施之间传递的设备（如卡车、混料器等）的数量。

（5）SE：代表安全或环境有害的等级，安全与环境危害性，或者事故发生的可能性可能会因为 2 个设施相互靠近而升高。

（6）UP：代表用户希望 2 个设施靠近或者远离的偏好。

下文将在模型中考虑 MF、IF、PF、EF 和 SE，在算法设计中考虑 UP。

8.2.1　模糊随机不确定性描述

如前所述，建设工程项目管理的决策问题中往往存在着复杂的、混合的不确定性，尤其是在大型建设项目中，这种不确定性就显得更加不可忽视。简单的随机变量或者模糊变量难以描述这种不确定性和复杂性，我们必须用到双重不确定变量。

建筑施工场地设施动态布局问题中的不可预见性主要来源于单个设施在某一阶段的运行费用及两个设施之间的交互费用。在考虑这些不确定因素时，通常会借助历史数据进行抽样分析，找出其随机规律，然后通过假设检验或者历史经验得出各不确定因素应该服从的分布。采用模糊随机变量来描述施工场地设施动态布局问题中的不确定性。对于 t 阶段，设施 x 在位置 i 的运行费用 $\tilde{\bar{C}}_{xit}^{z}$，根据历史数据的统计分析，$\tilde{\bar{C}}_{xit}^{z}$ 服从正态分布 $N(\tilde{\mu},\sigma^2)$，统计分析中用到的方法包括最大可能性估计和卡方拟合优度检验。但是该正态分布的均值 $\tilde{\mu}$ 仍然不能够得到确定，实践中，人们常常通过专家经验来对其进行估计和判断。通过对一组专家（$e = 1, 2, \cdots, E$）进行问卷调查和访谈，得到了一系列在 l^e 和 r^e 之间的模糊判断，最大的可能性是 α^e 到 β^e。基于这个信息，可以得到以下公式：

$$a = \sum_{e}^{E} \frac{l^e}{E}, b = \sum_{e}^{E} \frac{\alpha^e}{E}, c = \sum_{e}^{E} \frac{\beta^e}{E}, d = \sum_{e}^{E} \frac{r^e}{E}$$

因此得到一个梯形模糊数 (a, b, c, d) 来描述 $\tilde{\bar{C}}_{xit}^{z}$ 的均值 $\tilde{\mu}$，综上，$\tilde{\bar{C}}_{xit}^{z} \sim N(\tilde{\mu}, \sigma^2)$，$\tilde{\mu} \sim (a, b, c, d)$。因此 $\tilde{\bar{C}}_{xit}^{z}$ 为一个模糊随机变量，交互费用也是类似的模糊随机变量。

8.2.2　设施动态布局描述

对于大型建设工程来说，施工设施的布局不仅仅局限于静态的二维布局。施工建设本身就是一个复杂的生产和资源配置过程，一般来说其包括三个主要阶段：开挖—地基—下部结构建设阶段、上层结构建设阶段和辅助完善阶段。具体的施工项目阶段将会更细、更具体，且每个阶段根据项目进度计划都有不同的时间跨度和限定的起止时间，从而增加了资源配置的复杂性，也使得静态布局不能够满足设施布局在施工过程中的需求。如图 8.2 所示，在一个建设项目中需要建设两个建筑物 A 和 B，A 的开建时间稍早但其下部结构建设的时间短于 B。整个建设项目按照进度计划分为 7 个阶段。如图 8.3 所示，在第一阶段只需要岩土实验室和办公室这两个设施，一旦一个设施不再需要且被拆除以后，它所在的场地空间将被释放，原地可以建设其他的设施。动态布局允许设施的灵活开建、拆除和移动。例如，岩土实验室被拆除以后，可以在原地布置塔式起重机；办公室或砖仓库被拆除以后，也可在原地布置造景车间。在不同的阶段，设施的布局会随着物料的不同需求而改变。

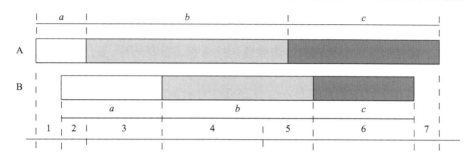

图 8.2　动态建筑施工阶段划分
a 表示开挖—地基—下部结构建设阶段，b 表示上层结构建设阶段，c 表示辅助完善阶段，
1~7 表示设施布局不同的 7 个阶段

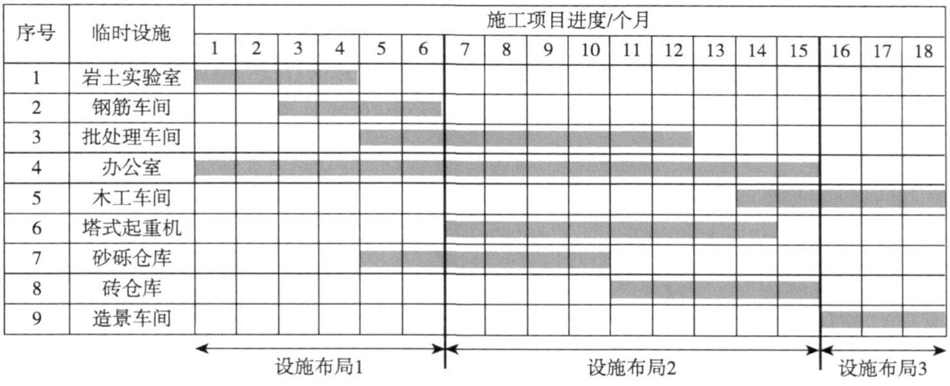

序号	临时设施	施工项目进度/个月																
		1	2	3	4	5	6	7	8	9	10	11	12	13	14	15	16	17	18
1	岩土实验室																		
2	钢筋车间																		
3	批处理车间																		
4	办公室																		
5	木工车间																		
6	塔式起重机																		
7	砂砾仓库																		
8	砖仓库																		
9	造景车间																		

设施布局1　　　　　　设施布局2　　　　　设施布局3

图 8.3　动态建筑施工场地布局-设施划分

8.3　场地动态布局多目标评价模型

动态建筑施工设施布局是典型的二次分配问题或者指派问题，从这个方向考虑，要求设施与位置的数量相等。如果设施的数量 m 小于位置的数量 n，则需要设置 $n-m$ 个空设施，与空设施相对应的成本和资源需求设置为 0；如果设施的数量 m 大于位置的数量 n，该问题没有可行解。

建模的目标是最小化动态设施布局中单个设施的布局成本及设施之间的交互成本，同时还要最小化安全与环境事故发生的可能性。设施与位置之间存在着两类约束：一是面积约束，即布局位置的面积必须要满足设施对面积的要求；二是逻辑约束，如不同的设施在同一阶段不能被布局在同一个位置上，一个阶段中，一个设施也只能最多布局在一个位置上。下文将建立设施动态布局优化模型，并将含有不确定变量的式子转化为清晰等价式。

为了建立动态水资源开发项目场地布置模型，本节提出了如下假设条件。

（1）在经过承载能力调查、边坡稳定性考察，以及地形、地质和交通条件的考察后，可能的布局位置和位置的面积大小会事先确定下来。

（2）有 F 个设施需要被布局，存在 L 个可布局的位置，且 $L \geqslant F$。

（3）交互成本和运行成本为模糊随机变量。

（4）在不同的位置布置同一个设施有不同的开建和拆除成本。

（5）安全与环境事故发生的可能性与"高危险"设施和"高保护"设施之间的距离成反比，距离越大，安全与环境事故发生的可能性越小。

为方便建立模型，设置了以下的数学符号。

1. 指标

x, y：场地设施类型指标，$x, y \in \{1, 2, \cdots, F\}$。其中，可能造成安全或环境事故的"高危险"设施标记为 x^k，容易受到安全或环境事故影响的"高保护"设施标记为 y^r。

k："高危险"设施指标，$k \in \{1, 2, \cdots, K\}$。

r："高保护"设施指标，$r \in \{1, 2, \cdots, R\}$。

i, j：位置指标，$i, j \in \{1, 2, \cdots, L\}$。

t：阶段指标，$t \in \{1, 2, \cdots, T\}$。

2. 变量

η_{xit}：表示在 t 阶段，设施 x 在位置 i 建立。

ω_{xit}：表示在 t 阶段，设施 x 在位置 i 关闭。

3. 确定参数

α_t：折现率。

A_{ij}：位置 i 到位置 j 的距离。

C_{xit}^s：在 t 阶段，设施 x 在位置 i 的开建费用。

C_{xit}^c：在 t 阶段，设施 x 在位置 i 的关闭费用。

S_{xt}：在 t 阶段，布置设施 x 所需要的场地面积。

D_i：位置 i 的面积。

M_t：在 t 阶段，设施交互费用的预算。

w_{kr}："高危险"设施 x^k 靠近"高保护"设施 y^r 的风险权重。

4. 不确定参数

$\tilde{\bar{C}}_{xit}^z$：在 t 阶段，设施 x 在位置 i 的运行费用。

$\tilde{\bar{C}}_{xyt}$：在 t 阶段，设施 x 与设施 y 单位距离的交互费用。

5. 决策变量

δ_{xit}：表示在 t 阶段，设施 x 存在于位置 i，初始条件为 $\delta_{xi0}=0,\delta_{xj0}=0$。

δ_{yjt}：表示在 t 阶段，设施 y 存在于位置 j，初始条件为 $\delta_{yi0}=0,\delta_{yj0}=0$。

基于以上假设和符号，提出了一个复杂随机多目标决策模型来求解动态施工场地设施布局问题。

8.3.1　目标函数

不同的设施布局计划通过目标函数的评估来确定最优。通过前文提到的 6 个因素——MF、IF、PF、EF、SE 和 UP，考虑 2 个目标函数，即设施布局的总费用目标和安全与环境目标。

1. 设施布局的总费用目标

每个设施都有建造费用、关闭拆除费用及运行费用。η_{xit} 为 0-1 变量，表示在 t 阶段，设施 x 是否在位置 i 开建，而 C_{xit}^s 为项目管理者预测得到的确定参数，表示此时的建造费用，因此 $C_{xit}^s\,\eta_{xit}$ 表示各个设施建造时的费用。类似地，$C_{xit}^c\,\omega_{xit}$ 表示各个设施关闭拆除的费用，$\tilde{\bar{C}}_{xit}^z\,\delta_{xit}$ 则表示设施的运行费用。

仅仅考虑单个设施的费用是不够的，如前文所述，在施工项目进行的过程中，不同设施之间不可避免地有物料、人员、信息及设备的流动。一个最优的动态设施布局能够最小化建造、拆除、运行及交互的总体设施布局费用。在阶段 t，如果设施 x 布局在位置 i，设施 y 布局在位置 j，并且这两个设施之间存在着一定形式的交互，即物料、人员、信息或者设备中一种或多种的交互，则设施 x 与设施 y 之间就存在着一个交互费用 $\tilde{\bar{C}}_{xyt}$。由假设，$\tilde{\bar{C}}_{xyt}$ 为一个模糊随机变量。由于位置 i 与位置 j 之间的距离为 A_{ij}，则设施 x 与设施 y 之间的交互费用可表示为 $\delta_{xit}\,\delta_{yjt}\,A_{ij}\,\tilde{\bar{C}}_{xyt}$。

此外，对于大型的施工建设项目，时间跨度会比较长，有的项目甚至长达几年或者超过 10 年，因此有必要考虑资金的时间价值。α_t 表示资金折现率，则设施布局的费用目标可以表示如下：

$$\min_{\delta_{xit},\delta_{yjt}} \sum_{t=1}^{T} \sum_{x,y=1}^{F} \sum_{i,j=1}^{L} \alpha_t \left(C_{xit}^s \eta_{xit} + C_{xit}^c \omega_{xit} + \tilde{\tilde{C}}_{xit}^z \delta_{xit} + \delta_{xit} \delta_{yjt} A_{ij} \tilde{\tilde{C}}_{xyt} \right) \qquad (8.1)$$

该目标函数中有模糊随机变量 $\tilde{\tilde{C}}_{xit}^z$ 和 $\tilde{\tilde{C}}_{xyt}$，使得决策者难以进行优化，必须通过转化使得该目标函数有明确的数学意义。由机会约束算子，决策者可以给定最大目标值，并期望在机会水平 α 下，最小化这个最大目标值，由此得到满意解，于是目标函数（8.1）可以表示如下：

$$\min_{\delta_{xit},\delta_{yjt}} \widehat{F}$$

$$\text{s.t. } \text{Ch}\left\{ \sum_{t=1}^{T} \sum_{x,y=1}^{F} \sum_{i,j=1}^{L} \alpha_t \left(C_{xit}^s \eta_{xit} + C_{xit}^c \omega_{xit} + \tilde{\tilde{C}}_{xit}^z \delta_{xit} + \delta_{xit} \delta_{yjt} A_{ij} \tilde{\tilde{C}}_{xyt} \right) \leqslant \widehat{F} \right\}(\alpha) \geqslant \beta$$

其中，α 为决策者主观认定的该条件能够得到满足的可能性；β 为客观调研得到的自身满足的概率。进一步分析，为保证随机不确定概率在 β 水平上，使得模糊不确定的可能性大于给定的水平 α，于是目标函数可进一步转化如下：

$$\min_{\delta_{xit},\delta_{yjt}} \widehat{F}$$

$$\text{s.t. } \text{Pos}\left\{ \text{Pr}\left\{ \sum_{t=1}^{T} \sum_{x,y=1}^{F} \sum_{i,j=1}^{L} \alpha_t \left(C_{xit}^s \eta_{xit} + C_{xit}^c \omega_{xit} + \tilde{\tilde{C}}_{xit}^z \delta_{xit} + \delta_{xit} \delta_{yjt} A_{ij} \tilde{\tilde{C}}_{xyt} \right) \leqslant \widehat{F} \right\} \geqslant \beta \right\} \geqslant \alpha$$

2. 安全与环境目标

建筑业由安全与环境事故引起的死亡风险超过制造行业的 5 倍，而引起的其他伤害风险超过了制造行业的 2.5 倍[283]。因此，对于水资源开发项目施工场地设施布局来说，安全与环境是非常重要的考量，这也是生态管理的基本要求。一个周密的设施布局不仅要经济，还要安全。

可能引起安全与环境事故的"高危险"设施，如储油库、爆炸物仓库和危险化学品仓库等标记为 x^k，容易受到安全或环境问题影响的"高保护"设施等标记为 y^r。研究表明，这两类设施距离越近，发生安全与环境事故的可能性就越高，因此，两种设施之间的距离越远越好。

$\delta_{x^k it}$ 表示设施 x^k 布局在位置 i，$\delta_{y^r jt}$ 表示设施 y^r 布局在位置 j，设施 x^k 与设施 y^r 之间的距离可以表示为 $\delta_{x^k it} \delta_{y^r jt} A_{ij}$。考虑风险权重 w_{kr}，安全与环境目标 D 可以表示如下：

$$\min_{\delta_{x^k it},\delta_{y^r jt}} \sum_{k=1}^{K} \sum_{t=1}^{T} \sum_{r=1}^{R} \sum_{i,j=1}^{L} \left(w_{kr} \delta_{x^k it} \delta_{y^r jt} A_{ij} \right)^{-1}$$

8.3.2　约束条件

1. 面积约束

位置的面积必须达到设施的需求，即

$$\delta_{xit}S_{xt} < D_i, \quad \forall x,t,i$$

注意空间利用率不可能达到100%，因此 $\delta_{xit}S_{xt} < D_i$，而不是 $\delta_{xit}S_{xt} \leqslant D_i$。

2. 交互费用约束

在每一阶段，设施之间的交互费用有严格的控制，每一阶段有费用预算 M_t，则有

$$\sum_{x,y=1}^{F}\sum_{i,j=1}^{L}\delta_{xit}\delta_{yjt}A_{ij}\tilde{\bar{C}}_{xyt} \leqslant M_t, \quad \forall t$$

由于模糊随机变量 $\tilde{\bar{C}}_{xyt}$ 的存在，上述约束也属于模糊随机事件，采用机会约束的概率来处理这个约束，上述约束条件可写成如下形式。

$$\text{Ch}\left\{\sum_{x,y=1}^{F}\sum_{i,j=1}^{L}\delta_{xit}\delta_{yjt}A_{ij}\tilde{\bar{C}}_{xyt} \leqslant M_t\right\}(\theta) \geqslant \gamma, \quad \forall t$$

其中，θ 为决策者主观认定的该条件能够得到满足的可能性；γ 为客观调研得到的自身满足的概率。进一步分析，上式可看作在保证随机不确定概率 γ 的基础上，使得模糊不确定性的可能性大于水平 θ，即

$$\text{Pos}\left\{\text{Pr}\left\{\sum_{x,y=1}^{F}\sum_{i,j=1}^{L}\delta_{xit}\delta_{yjt}A_{ij}\tilde{\bar{C}}_{xyt} \leqslant M_t\right\} \geqslant \gamma\right\} \geqslant \theta, \quad \forall t$$

3. 逻辑约束

为了获得可行解，模型必须满足一些逻辑约束。在同一阶段，一个位置最多只能布置一个设施，即

$$\delta_{xit} + \delta_{yit} \leqslant 1, \delta_{xjt} + \delta_{yjt} \leqslant 1$$

然而，同一种类型的设施可以布置在多个位置，即

$$\delta_{xit} + \delta_{xjt} \geqslant 0, \delta_{yit} + \delta_{yjt} \geqslant 0$$

δ_{xit}，δ_{xjt}，δ_{yit}，δ_{yjt} 为 0-1 变量，1 表示设施在该阶段存在，0 表示设施在该阶段不存在。

η_{xit}，ω_{xit} 为 0-1 变量，分别表示在阶段 t，设施 x 在位置 i 的存在和关闭。如果 $\delta_{xi,t-1} = 0, \delta_{xit} = 1$，即 $\delta_{xit} - \delta_{xi,t-1} = 1$，表示在阶段 t，设施 x 被布局在位置 i，所

以 $\eta_{xit} = 1$。如果 $\delta_{xit} - \delta_{xi,t-1} = 0$，设施 x 在阶段 t 既没有开建也没有关闭，即 $\eta_{xit} = 0$，$\omega_{xit} = 0$。如果 $\delta_{xit} - \delta_{xi,t-1} = -1$，表示在阶段 t，设施 x 在位置 i 关闭拆除，即 $\omega_{xit} = 1$，综上可得

$$\eta_{xit} = \begin{cases} 1, & \delta_{xit} - \delta_{xi,t-1} = 1 \\ 0, & \text{其他} \end{cases}, \quad \omega_{xit} = \begin{cases} 1, & \delta_{xit} - \delta_{xi,t-1} = -1 \\ 0, & \text{其他} \end{cases}$$

其中，$x, y \in \{1, 2, \cdots, F\}$；$i, j \in \{1, 2, \cdots, L\}$；$t \in \{1, 2, \cdots, T\}$。

8.3.3　总体模型

施工场地设施布局模型属于一类典型的二次分配模型或指派模型，该模型的目标是最小化设施动态布局的成本及设施之间的交互费用，同时最小化发生安全与环境事故的可能性。设施与位置之间存在着面积约束，即布局位置的面积必须要满足设施对面积的要求，还要满足逻辑约束，包括同一阶段不同的设施不能被布置在同一个位置上，一个设施最多布置在一个位置上，此外交互费用不能超过预算。施工场地设施布局模型的目标函数和约束条件中都存在着模糊随机变量，采用机会约束算子来同时处理目标函数和约束条件中的模糊随机不确定性。因此，施工场地设施动态布局的机会约束多目标模型表示如下：

$$\min_{\delta_{xit}, \delta_{yjt}} \widehat{F}$$

$$\min_{\delta_{x^k it}, \delta_{y^r jt}} \sum_{k=1}^{K} \sum_{t=1}^{T} \sum_{r=1}^{R} \sum_{i,j=1}^{L} \left(w_{kr} \delta_{x^k it} \delta_{y^r jt} A_{ij} \right)^{-1}$$

$$\text{s.t.} \begin{cases} \text{Pos}\left\{ \text{Pr}\left\{ \sum_{t=1}^{T} \sum_{x,y=1}^{F} \sum_{i,j=1}^{L} \alpha_t \left(C_{xit}^s \eta_{xit} + C_{xit}^c \omega_{xit} + \tilde{\tilde{C}}_{xit}^z \delta_{xit} + \delta_{xit} \delta_{yjt} A_{ij} \tilde{\tilde{C}}_{xyt} \right) \leqslant \widehat{F} \right\} \geqslant \beta \right\} \geqslant \alpha \\ \delta_{xit} S_{xt} < D_i \\ \text{Pos}\left\{ \text{Pr}\left\{ \sum_{x,y=1}^{F} \sum_{i,j=1}^{L} \delta_{xit} \delta_{yjt} A_{ij} \tilde{\tilde{C}}_{xyt} \leqslant M_t \right\} \geqslant \gamma \right\} \geqslant \theta \\ \delta_{xit} + \delta_{yit} \leqslant 1, \delta_{xjt} + \delta_{yjt} \leqslant 1 \\ \delta_{xit} + \delta_{xjt} \geqslant 0, \delta_{yit} + \delta_{yjt} \geqslant 0 \\ \eta_{xit} = \begin{cases} 1, & \delta_{xit} - \delta_{xi,t-1} = 1 \\ 0, & \text{其他} \end{cases} \\ \omega_{xit} = \begin{cases} 1, & \delta_{xit} - \delta_{xi,t-1} = -1 \\ 0, & \text{其他} \end{cases} \\ x, y \in \{1, 2, \cdots, F\}, \quad i, j \in \{1, 2, \cdots, L\}, \quad t \in \{1, 2, \cdots, T\} \end{cases}$$

8.4 多目标粒子群算法求解

由理论基础部分所述,粒子群算法已被广泛地应用于解决各类优化问题,并表现出了突出的有效性。研究者也发现粒子群算法也非常适用于求解多目标优化问题[117,282],并且已有一系列多目标粒子群算法的改进与拓展的研究。本章采用多目标粒子群算法来求解施工场地设施动态布局模型,以下是算法中用到的符号。

t:迭代次数指标,$t \in \{1, 2, \cdots, T\}$。

i:粒子指标,$i \in \{1, 2, \cdots, L\}$。

d:维度指标,$d \in \{1, 2, \cdots, N \times \tau\}$。

j:阶段指标,$j \in \{1, 2, \cdots, \tau\}$。

f:设施指标,$f \in \{1, 2, \cdots, F\}$。

l:位置指标,$l \in \{1, 2, \cdots, N\}$。

$P_i^{\max}(d)$:第 i 个粒子在 d^{th} 维度的最大位置值。

$P_i^{\min}(d)$:第 i 个粒子在 d^{th} 维度的最小位置值。

r_1, r_2:[0,1]范围间均匀分布的随机数。

$w(t)$:第 t^{th} 代的惯性权重。

$v_{id}^j(t)$:第 t^{th} 代,第 i 个粒子在 j^{th} 阶段,d^{th} 维度的速度。

$x_{id}^j(t)$:第 t^{th} 代,第 i 个粒子在 j^{th} 阶段,d^{th} 维度的位置。

$x_{id}^{\text{pbest}}(t)$:第 t^{th} 代,在第 j^{th} 阶段,第 i 个粒子在第 d^{th} 维度的个体最优位置。

$x_{id}^{\text{gbest}}(t)$:第 t^{th} 代,在第 j^{th} 阶段,第 i 个粒子在第 d^{th} 维度的全局最优位置。

c_p:自身历史最优位置加速度常数。

c_g:群体最优位置加速度常数。

ARC:存储非劣解的数据库。

8.4.1 多目标操作

之前的多目标施工设施布局研究主要采用聚合法[278]来处理多目标,然而聚合法中的权重设置往往很主观武断。为了避免这种缺陷,采用基于 Pareto 非劣解的方法中的一种"存档进化策略"来处理施工设施动态布局中的多目标问题。这种方法的基本思想是选择非劣解集中的优解作为粒子群更新的领导者。"存档进化策略"的步骤，如表 8.1 所示，粒子 i 的历史最优位置向量表示为 X_i^{pbest}，初始的最优位置即为粒子的初始位置。

表 8.1　存档进化策略程序

将随机生成的初始解中的非劣解作为 $x_{id}^{\text{pbest}}(t)$ 并加入优解库中

更新粒子，产生新解 $x_{id}(t+1)$ 并评价新解 $x_{id}(t+1)$

　　if（$x_{id}^{\text{pbest}}(t)$ 相对于 $x_{id}(t+1)$）占优 then 丢弃 $x_{id}(t+1)$

　　else if（$x_{id}(t+1)$ 相对于 $x_{id}^{\text{pbest}}(t)$）占优 then 用 $x_{id}(t+1)$ 替换 $x_{id}^{\text{pbest}}(t)$，并且将 $x_{id}(t+1)$ 加入到优解库中，即 $x_{id}^{\text{pbest}}(t+1)=x_{id}(t+1)$

　　else if $x_{id}(t+1)$ 劣于优解库中的任何一个解 then 丢弃 $x_{id}(t+1)$

　　else 应用测试过程（$x_{id}^{\text{pbest}}(t)$，$x_{id}(t+1)$，优解库）来确定当前的解集和是否加入 $x_{id}(t+1)$ 到优解库直到达到结束准则，否则转到第二行

8.4.2　更新机制

粒子群算法中存在着多种解的表达方式，如 Zhang 和 Wang 在用粒子群算法求解静态施工设施布局问题中采用了基于优先级的粒子表达方式[282]。采用基于序数的表达方式求解多目标施工设施布局问题，基于序数的表达方式将代表可行解的多维粒子的每一维度表达为序数。

传统的粒子群算法中多维粒子的各个维度是相互独立的，由于更新的随机性使得同一个粒子的不同维度可能存在相同的值，如{3，5，7，3，…}，然而对于施工设施布局问题来说，这不是一个可行解，因为在同一时间段两个设施不可能出现在同一个位置。因此根据施工设施动态布局问题的特点，采用了改进的多目标粒子群算法的更新机制。研究者已提出了多种改进的更新机制来解决粒子群算法序数表达方式中非可行解的问题，如部分映射交叉更新、循环交叉更新、顺序交叉更新等[284]。在部分映射交叉更新机制中，两个任意的多维粒子上的对应元素值相互交换，同时每一个粒子中与该维度有重复值的维度值也交换为映射值。图 8.4 描述了部分映射交叉更新机制的过程。

另外，基于序数的粒子表达方式要求粒子所有维度上的值必须是整数，而采用原始粒子群算法的更新公式更新后的值却几乎不可能是整数，因此更新机制需要进一步改进以得到整数的粒子表达。速度更新公式是通过距离测度来决定粒子新的位置，速度越大表明粒子可以运行到可行域中更远的位置。当采用基于序数的粒子表达方式时，采用当前的粒子序数（即设施布局的位置序数）与粒子个体历史最优的序数和全局最优的序数的距离来决定当前粒子的更新概率。距离越大说明该粒子有更大的可能性被更新，因此使用原始速度更新公式

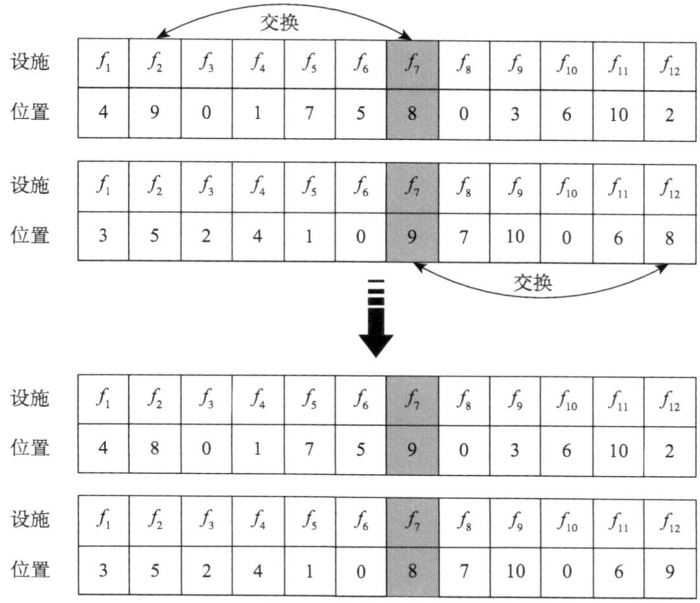

图 8.4　部分映射交叉更新机制

计算出来的绝对值作为更新概率。通过部分映射交叉更新机制和更新概率这两个概念，粒子的每一维度被随机选择来确定该维度代表的施工设施是否会被移动到另一个位置，从而解决了施工设施动态布局问题粒子群算法中的不可行解与非整数解问题[284]。

8.4.3　总体框架

基于序数的粒子群算法求解多目标设施动态布局问题的总体框架如下。

步骤 1：初始化 L 个粒子作为粒子群。对于 $i \in \{1, 2, \cdots, L\}$，$j \in \{1, 2, \cdots, \tau\}$ 程序随机产生第 i 个粒子的整数位置。

$$X_{if}^{j}(t) = \left[x_{i1}^{1}(t), x_{i2}^{1}(t), \cdots, x_{iN}^{1}(t); x_{i1}^{2}(t), x_{i2}^{2}(t), \cdots, x_{iN}^{2}(t); \cdots; x_{i1}^{\tau}(t), x_{i2}^{\tau}(t), \cdots, x_{iN}^{\tau}(t) \right]$$

粒子位置的值属于 $\{0, 1, 2, \cdots, N\}$。粒子群位置中可以有多个 0，然而其他的位置值在一个阶段不能出现重复，否则，就会出现多个设施布局在同一个位置的不可行解。

如图 8.5 所示，共有 F 个设施和 N 个位置和 $N{-}F$ 个空设施。

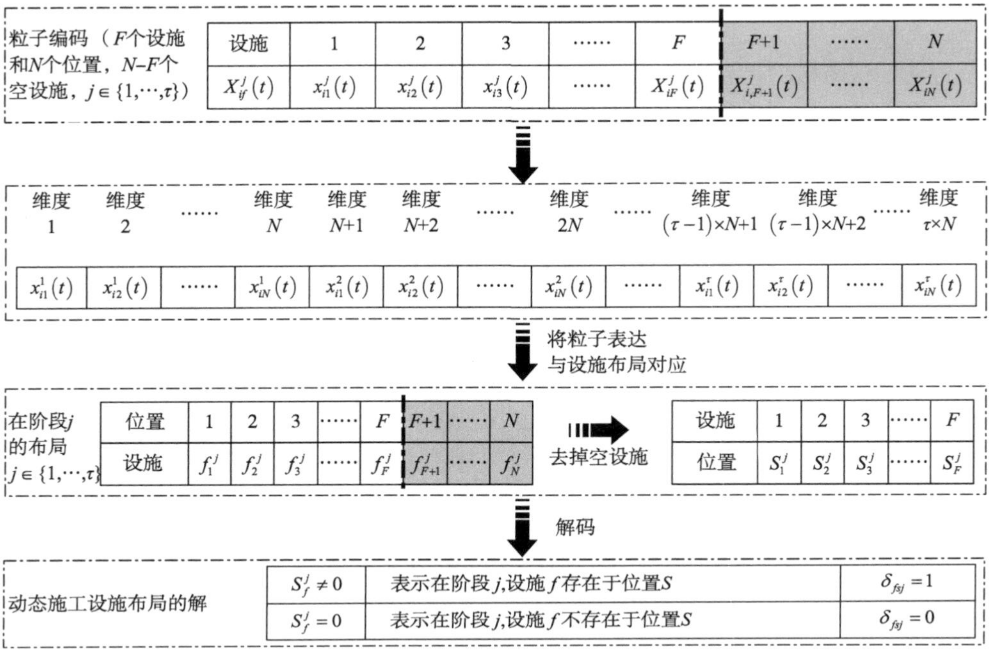

图 8.5　多目标粒子群算法的编码与解码方式

步骤 2：将粒子解码为对应解。对于第 i 个粒子 X_f^j，如果 $x_f^j = 0$，表示设施 f 在阶段 j 不存在；如果 $x_f^j \neq 0$，表示设施 f 在阶段 j 布局在位置 x_f^j。

步骤 3：检查解的可行性。对于 $i \in \{1, 2, \cdots, L\}$，如果所有的粒子都满足可行性条件，即 $\delta_{xit} S_{xt} < D_i$，则继续，否则，转到步骤 1。

步骤 4：初始化每个粒子的速度和个体最优位置。粒子速度可表示为 $V_{if}(1) = \left[v_{i1}(1), v_{i2}(1), \cdots, v_{iN}(1) \right]$，其值为 0 到 1 之间的随机数。初始的个体最优位置 $x_{id}^{\text{pbest}}(t)$ 为粒子当前的位置。

步骤 5：用适应值评价粒子的优劣。对于 $i \in \{1, 2, \cdots, L\}$，计算每个粒子在每个目标下的值，将其设置为粒子 $X_f^j(t)$ 的适应值，表示为 $\text{Fitness}_i(X_f^j(t))$。由于本章有两个目标，对于每个粒子，$\text{Fitness}_i(X_f^j(t))$ 为一个 1×2 的矩阵。

步骤 6：将粒子中的非劣解存档在 ARC 优解库中。

步骤 7：如果最大的循环次数还没有达到的时候，运行以下步骤。

步骤 7.1：由公式（8.2）计算每个粒子更新的速度。

$$v_{id}^j(t+1) = w(t)v_{id}^j(t) + c_p r_1 \left[x_{id}^{\text{pbest}}(t) - x_{id}^j(t) \right] + c_g r_2 \left[\text{ARC}_{fd}(t) - x_{id}^j(t) \right] \quad (8.2)$$

其中，$\text{ARC}_{fd}(t)$ 为从优解库 ARC 中随机选取的一个粒子。维度 d 可通过如下方式获得：首先将优解库中的解按照位置分布分为一个个立方体，包含不止一个粒子的立方体被赋予这些粒子的平均适应值，这可以看作一种适应值共享机制[284]，然后用轮盘赌选择法选取一个立方体，再在该立方体中随机选择领导粒子群更新优解。用这种方法来选取领导粒子更新的优解能显著提高全局收敛性，避免陷入局部最优解。

步骤 7.2：由公式（8.2）获得的速度，通过以下公式计算粒子群更新后的位置。

$$x_{id}^j(t+1) = x_{id}^j(t) + v_{id}^j(t+1)$$

步骤 7.3：检查粒子新位置的约束，保持粒子在搜索空间之内。

步骤 7.4：通过适应值评价粒子的优劣。

步骤 7.5：更新优解库 ARC，获得优解库中的非劣解的位置表达，划分立方体，插入所有非劣解并舍弃优解库中被占优的解。

步骤 7.6：采用"存档进化策略"来选择领导粒子群更新的领导者。

步骤 7.7：增加循环计数。

步骤 8：结束循环。

步骤 9：如果满足结束准则，即 $t = T$，转到步骤 10。否则，$t = t+1$ 并转到步骤 7。

步骤 10：解码优解库中的解作为最优解。

8.5　某水电站施工场地动态布局

本节将以某水电站建设项目为例来说明完整的建模及算法过程，以证明模型和算法的有效性。该水电站施工场地如图 8.6 所示。

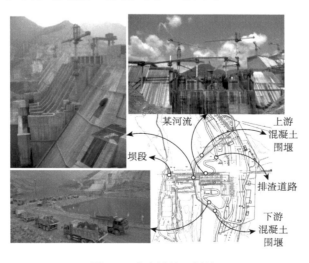

图 8.6　水电站施工场地

8.5.1 案例情况描述

该水电站建设主体工程根据枢纽布置特点进行分标，有 10 个标段：Ⅰ 标为左岸坡、左岸导流洞和蠕变体开挖处理；Ⅱ 标为右岸坡、右岸导流洞和通航建筑物一期开挖；Ⅰ 标与 Ⅱ 标是同时并行的关系；Ⅲ1 标为截流、围堰、河床开挖、右岸及河床坝段工程；Ⅲ2 标为左岸引水挡水坝段混凝土工程；Ⅳ 标为地下厂房的引水、厂房、尾水系统；Ⅴ 标为通航建筑物的二期开挖、混凝土工程；Ⅵ 标为钢管加工标；Ⅶ标、Ⅷ标和Ⅸ标分别为发电系统金属结构、泄洪系统金属结构及升船机系统金属结构安装标；Ⅹ 标为机电安装标。如图 8.7 所示，根据标段的时空协调设计，该水电站建设项目主体工程可以分为 8 个阶段。

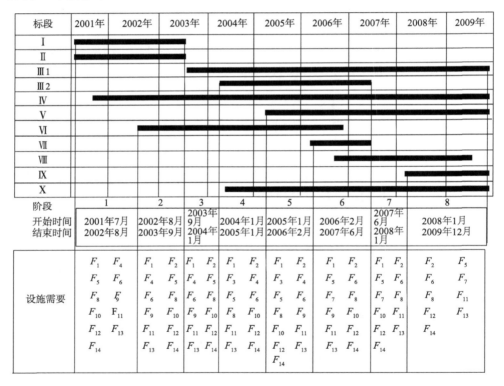

图 8.7　水电站建设项目主体工程阶段及设施需要

在该水电站建设项目的主体工程中，需要布局 14 个主要的临时设施。这些设施的符号表达和各个阶段所需的面积如表 8.2 所示。

表 8.2　某水电站需要布局的设施符号表达及各阶段设施需要的面积（单位：m^2）

符号	设施	阶段 1	阶段 2	阶段 3	阶段 4	阶段 5	阶段 6	阶段 7	阶段 8
F_1	钢筋加工车间	1800	1800	1800	2000	2000	1800	1000	0
F_2	木材加工车间	0	2500	2500	3000	3000	2500	2000	2000
F_3	混凝土预制车间	0	0	0	1360	1360	0	0	0
F_4	修钎厂	800	800	800	800	800	0	0	0
F_5	机械修配车间	3500	3500	3500	3500	3500	3000	3000	3000
F_6	汽车修理保养站	4000	4000	4000	4000	4000	3500	3000	3000
F_7	金属结构加工车间	0	0	0	0	0	3000	3300	3300
F_8	油库及加油站	1000	1000	1000	1000	1000	1000	1000	1000
F_9	炸药库	750	750	750	0	750	750	0	0
F_{10}	钢筋库	2000	2000	2500	3510	3510	3000	2500	0
F_{11}	钢材库	2000	2000	2000	2500	2500	2000	2000	2000
F_{12}	综合物资仓库	800	1000	1000	1000	1000	800	1000	1000
F_{13}	办公区域	4500	4500	4500	4500	4500	4500	4500	4500
F_{14}	生活营地	8000	8000	8000	8000	10000	8000	8000	8000

如图 8.8 所示，在经过承载能力调查、边坡稳定性考察，以及地形、地质和交通条件的考察后，14 个可供设施布局的位置被标示出来。这些位置可用面积表示为 D_i，D_i =（65.0，60.0，57.5，78.0，72.0，250.0，260.0，66.0，72.0，46.0，72.0，72.0，74.0，48.0）（$100\ m^2$）。这些位置两两之间的距离如表 8.3 所示。各个设施在不同的位置的开建费用如表 8.4 所示。设施的关闭费用包括拆除费用、运输费用、材料费用和各项功能损失费用等，本例中设施的关闭费用为设施开建费用的 11.3%。

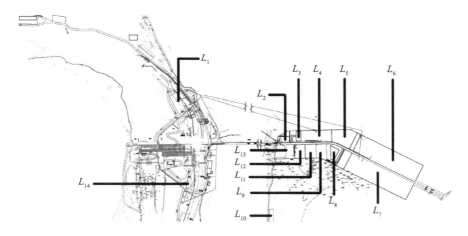

图 8.8　某水电站建设项目可供设施布局的位置

表 8.3 某水电站建设项目可供设施布局的位置之间的距离（单位：m）

位置	A_{ij}													
	L_1	L_2	L_3	L_4	L_5	L_6	L_7	L_8	L_9	L_{10}	L_{11}	L_{12}	L_{13}	L_{14}
L_1	0	1440	1584	1740	1908	2148	2256	1956	1800	2172	1680	1620	1476	1452
L_2	1440	0	144	300	468	708	816	636	516	732	348	264	72	1140
L_3	1584	144	0	156	324	564	672	492	372	1092	204	120	180	1284
L_4	1740	300	156	0	168	408	480	336	216	1248	120	144	228	1440
L_5	1908	468	324	168	0	240	348	108	132	1416	288	264	348	1608
L_6	2148	708	564	408	240	0	108	240	312	1656	420	504	588	1848
L_7	2256	816	672	480	348	108	0	264	360	1680	600	708	828	2028
L_8	1956	636	492	336	108	240	264	0	120	1500	336	444	564	1656
L_9	1800	516	372	216	132	312	360	120	0	1380	168	324	444	1776
L_{10}	2172	732	1092	1248	1416	1656	1680	1500	1380	0	1212	1128	888	1872
L_{11}	1680	348	204	120	288	420	600	336	168	1212	0	84	276	1488
L_{12}	1620	264	120	144	264	504	708	444	324	1128	84	0	192	1404
L_{13}	1476	72	180	228	348	588	828	564	444	888	276	192	0	1212
L_{14}	1452	1140	1284	1440	1608	1848	2028	1656	1776	1872	1488	1404	1212	0

表 8.4 各个设施在不同的位置的开建费用（单位：10^3 元）

x	C_{xit}^s													
	i													
	L_1	L_2	L_3	L_4	L_5	L_6	L_7	L_8	L_9	L_{10}	L_{11}	L_{12}	L_{13}	L_{14}
F_1	367.1	264.5	250.8	264.1	267.5	214.4	223.5	255.5	170.2	159.6	131.0	105.3	174.0	360.9
F_2	157.3	126.4	130.4	84.7	85.5	150.0	138.6	127.7	106.3	180.1	97.3	117.4	98.8	174.9
F_3	126.1	196.4	192.6	267.8	270.6	235.4	223.5	255.5	287.8	160.1	130.4	108.9	218.3	229.6
F_4	105.9	116.1	120.0	127.6	128.3	182.2	95.2	159.6	148.8	138.1	131.4	179.1	163.7	131.2
F_5	126.1	105.2	170.7	95.9	96.5	139.6	127.3	180.9	191.3	159.6	130.0	95.2	109.1	98.4
F_6	126.4	100.6	80.2	74.1	74.6	85.7	63.1	95.8	127.5	148.4	140.7	95.2	131.8	109.3
F_7	84.7	106.0	180.6	169.4	171.1	160.0	85.0	95.8	106.3	116.7	195.6	137.8	142.1	87.4
F_8	96.0	107.6	100.3	105.8	106.4	192.6	191.4	202.8	148.8	138.1	151.1	190.9	87.4	98.4
F_9	105.9	97.0	80.2	95.2	96.5	150.8	212.1	170.4	180.7	169.9	98.3	95.5	109.1	98.3
F_{10}	84.7	95.0	90.3	105.8	106.4	128.6	116.9	106.6	85.0	95.2	98.0	63.0	81.9	109.7
F_{11}	63.0	73.9	103.8	95.9	96.5	117.9	127.3	95.8	97.2	84.9	98.3	63.5	76.2	90.1
F_{12}	63.5	74.9	90.0	63.5	64.6	96.4	106.2	95.8	95.6	74.7	86.9	74.0	98.8	89.1
F_{13}	115.0	126.4	140.7	148.3	149.2	117.9	106.7	95.2	96.8	106.4	97.3	76.7	131.8	164.5
F_{14}	167.3	73.3	60.2	74.0	74.6	107.2	116.9	117.1	85.0	95.6	97.3	63.0	76.5	89.6

F_8（油库及加油站）和 F_9（炸药库）是所有设施中最可能造成安全和环境问题的危险设施，这两个被标记为"高危险"设施，即 $\{x^1, x^2\} = \{F_8, F_9\}$。$F_2$（木材

加工车间）、F_{13}（办公区域）和 F_{14}（生活营地）被标记为"高保护"设施，即 $\{y^1, y^2, y^3\} = \{F_2, F_{13}, F_{14}\}$。决策者可根据偏好为这些设施设置权重，在该水电站建设项目中，权重被设置为：$\{w_{11}, w_{12}, w_{13}\} = \{w_{21}, w_{22}, w_{23}\} = \{0.2, 0.3, 0.5\}$。表 8.5 列出了用模糊随机变量表示单位距离的交互费用。模糊随机变量表示设施在位置 $L_2, L_3, L_4, L_9, L_{11}, L_{12}$ 和 L_{13} 上的运行费用如表 8.6 和表 8.7 所示。如果设施在位置 L_1, L_{14}，则运行费用将增加 5.8%。类似地，如果设施在位置 L_5, L_6, L_7, L_8 和 L_{10}，则运行费用将增加 7.5%。

表 8.5　模糊随机变量表示单位距离的交互费用（单位：元）

阶段	$\tilde{\bar{C}}_{1,3,t}$	$\tilde{\bar{C}}_{1,10,t}$	$\tilde{\bar{C}}_{2,3,t}$	$\tilde{\bar{C}}_{5,8,t}$	$\tilde{\bar{C}}_{6,8,t}$	$\tilde{\bar{C}}_{7,11,t}$
阶段 1	0	$N(\tilde{\mu}_{1,10,1}, 5)$ $\tilde{\mu}_{1,10,1} \sim (3,5,7)$	0	$N(\tilde{\mu}_{5,8,1}, 8)$ $\tilde{\mu}_{5,8,1} \sim (8,11,16)$	$N(\tilde{\mu}_{6,8,1}, 4)$ $\tilde{\mu}_{6,8,1} \sim (9,12,18)$	0
阶段 2	0	$N(\tilde{\mu}_{1,10,2}, 6)$ $\tilde{\mu}_{1,10,2} \sim (3,5,8)$	0	$N(\tilde{\mu}_{5,8,2}, 8)$ $\tilde{\mu}_{5,8,2} \sim (8,12,15)$	$N(\tilde{\mu}_{6,8,2}, 8)$ $\tilde{\mu}_{6,8,2} \sim (8,14,18)$	0
阶段 3	0	$N(\tilde{\mu}_{1,10,3}, 4)$ $\tilde{\mu}_{1,10,3} \sim (4,5,8)$	0	$N(\tilde{\mu}_{5,8,3}, 10)$ $\tilde{\mu}_{5,8,3} \sim (8,10,15)$	$N(\tilde{\mu}_{6,8,3}, 8)$ $\tilde{\mu}_{6,8,3} \sim (8,16,18)$	0
阶段 4	$N(\tilde{\mu}_{1,3,4}, 5)$ $\tilde{\mu}_{1,3,4} \sim (3,4,7)$	$N(\tilde{\mu}_{1,10,4}, 4)$ $\tilde{\mu}_{1,10,4} \sim (4,5,8)$	$N(\tilde{\mu}_{2,3,4}, 4)$ $\tilde{\mu}_{2,3,4} \sim (5,7,12)$	$N(\tilde{\mu}_{5,8,4}, 4)$ $\tilde{\mu}_{5,8,4} \sim (8,11,15)$	$N(\tilde{\mu}_{6,8,4}, 8)$ $\tilde{\mu}_{6,8,4} \sim (8,16,19)$	0
阶段 5	$N(\tilde{\mu}_{1,3,5}, 6)$ $\tilde{\mu}_{1,3,5} \sim (4,5,8)$	$N(\tilde{\mu}_{1,10,5}, 5)$ $\tilde{\mu}_{1,10,5} \sim (4,6,9)$	$N(\tilde{\mu}_{2,3,5}, 5)$ $\tilde{\mu}_{2,3,5} \sim (6,10,14)$	$N(\tilde{\mu}_{5,8,5}, 6)$ $\tilde{\mu}_{5,8,5} \sim (10,12,16)$	$N(\tilde{\mu}_{6,8,5}, 8)$ $\tilde{\mu}_{6,8,5} \sim (10,14,20)$	0
阶段 6	0	$N(\tilde{\mu}_{1,10,6}, 4)$ $\tilde{\mu}_{1,10,6} \sim (4,5,8)$	0	$N(\tilde{\mu}_{5,8,6}, 8)$ $\tilde{\mu}_{5,8,6} \sim (8,12,15)$	$N(\tilde{\mu}_{6,8,6}, 6)$ $\tilde{\mu}_{6,8,6} \sim (8,16,22)$	$N(\tilde{\mu}_{7,11,6}, 2)$ $\tilde{\mu}_{7,11,6} \sim (4,5,6)$
阶段 7	0	$N(\tilde{\mu}_{1,10,7}, 4)$ $\tilde{\mu}_{1,10,7} \sim (4,5,7)$	0	$N(\tilde{\mu}_{5,8,7}, 4)$ $\tilde{\mu}_{5,8,7} \sim (8,12,15)$	$N(\tilde{\mu}_{6,8,7}, 8)$ $\tilde{\mu}_{6,8,7} \sim (8,18,24)$	$N(\tilde{\mu}_{7,11,7}, 1)$ $\tilde{\mu}_{7,11,7} \sim (4,6,7)$
阶段 8	0	0	0	$N(\tilde{\mu}_{5,8,8}, 8)$ $\tilde{\mu}_{5,8,8} \sim (8,13,15)$	$N(\tilde{\mu}_{6,8,8}, 8)$ $\tilde{\mu}_{6,8,8} \sim (8,18,26)$	$N(\tilde{\mu}_{7,11,8}, 4)$ $\tilde{\mu}_{7,11,8} \sim (4,6,8)$

表 8.6　1~4 阶段模糊随机变量表示运行费用（单位：10^3 元）

设施	阶段 1	阶段 2	阶段 3	阶段 4
F_1	$N([80, 86, 90, 100], 8)$	$N([76, 80, 83, 86], 6)$	$N([97, 100, 106, 110], 2)$	$N([103, 110, 111, 114], 3)$
F_2		$N([57, 62, 66, 68], 4)$	$N([55, 57, 59, 64], 5)$	$N([68, 69, 70, 71], 5)$
F_3				$N([134, 136, 138, 141], 5)$
F_4	$N([40, 42, 44, 46], 3)$	$N([40, 42, 44, 48], 5)$	$N([40, 42, 44, 48], 3)$	$N([43, 44, 46, 50], 4)$
F_5	$N([53, 55, 57, 60], 4)$	$N([54, 56, 58, 62], 8)$	$N([54, 56, 61, 64], 2)$	$N([58, 59, 62, 64], 4)$
F_6	$N([42, 44, 47, 52], 5)$	$N([42, 44, 46, 50], 2)$	$N([42, 44, 47, 50], 5)$	$N([44, 46, 48, 54], 3)$
F_7				中
F_8	$N([35, 36, 38, 40], 2)$	$N([35, 36, 40, 42], 2)$	$N([36, 38, 40, 42], 4)$	$N([33, 35, 36, 38], 2)$

续表

设施	阶段 1	阶段 2	阶段 3	阶段 4
F_9	$N([41, 42, 43, 46], 4)$	$N([41, 43, 46, 50], 4)$	$N([41, 43, 44, 46], 4)$	
F_{10}	$N([29, 31, 33, 35], 3)$	$N([22, 24, 26, 29], 3)$	$N([23, 26, 28, 31], 3)$	$N([32, 34, 37, 40], 3)$
F_{11}	$N([26, 28, 30, 36], 2)$	$N([20, 24, 28, 33], 6)$	$N([26, 28, 29, 33], 6)$	$N([32, 34, 35, 36], 3)$
F_{12}	$N([30, 33, 34, 35], 2)$	$N([33, 34, 36, 39], 5)$	$N([34, 38, 40, 42], 5)$	$N([32, 33, 34, 35], 2)$
F_{13}	$N([42, 43, 44, 46], 3)$	$N([42, 43, 44, 46], 3)$	$N([40, 42, 43, 46], 3)$	$N([43, 44, 45, 46], 3)$
F_{14}	$N([50, 52, 54, 59], 4)$	$N([52, 55, 56, 57], 4)$	$N([55, 58, 62, 65], 4)$	$N([54, 56, 59, 60], 4)$

表 8.7 5~8 阶段模糊随机变量表示运行费用（单位：10^3 元）

设施	阶段 5	阶段 6	阶段 7	阶段 8
F_1	$N([90, 93, 95, 97], 4)$	$N([80, 82, 84, 86], 4)$	$N([70, 72, 74, 78], 6)$	
F_2	$N([75, 76, 78, 80], 4)$	$N([72, 74, 77, 78], 2)$	$N([63, 64, 67, 71], 2)$	$N([55, 58, 60, 63], 5)$
F_3	$N([133, 135, 138, 140], 6)$			
F_4	$N([33, 36, 39, 40], 5)$			
F_5	$N([55, 58, 59, 62], 5)$	$N([52, 55, 56, 62], 3)$	$N([50, 52, 53, 54], 4)$	$N([50, 52, 54, 56], 5)$
F_6	$N([42, 44, 46, 47], 3)$	$N([40, 42, 43, 46], 3)$	$N([42, 43, 45, 46], 3)$	$N([33, 35, 37, 38], 4)$
F_7		$N([60, 62, 63, 64], 4)$	$N([64, 66, 67, 70], 4)$	$N([62, 64, 66, 67], 4)$
F_8	$N([33, 35, 36, 38], 2)$	$N([35, 36, 37, 41], 2)$	$N([30, 34, 35, 36], 1)$	$N([33, 34, 35, 36], 2)$
F_9	$N([40, 41, 43, 46], 4)$	$N([41, 43, 44, 46], 4)$		
F_{10}	$N([32, 34, 36, 40], 3)$	$N([34, 36, 38, 39], 6)$	$N([21, 24, 26, 27], 3)$	
F_{11}	$N([30, 31, 32, 34], 4)$	$N([32, 33, 35, 38], 6)$	$N([31, 32, 33, 36], 3)$	$N([22, 25, 28, 29], 2)$
F_{12}	$N([32, 33, 34, 36], 5)$	$N([33, 34, 35, 38], 2)$	$N([33, 34, 35, 39], 2)$	$N([33, 34, 35, 38], 2)$
F_{13}	$N([42, 43, 44, 45], 3)$	$N([42, 43, 44, 45], 3)$	$N([42, 43, 44, 45], 3)$	$N([42, 43, 44, 45], 3)$
F_{14}	$N([53, 55, 56, 58], 4)$	$N([52, 54, 56, 58], 2)$	$N([52, 54, 56, 57], 4)$	$N([51, 53, 54, 56], 4)$

8.5.2 案例计算结果

采用 MATLAB 运行多目标粒子群算法，得到了该水电站建设项目动态施工场地设施布局的最优解。

算法的参数设置如下：粒子群规模 popsize=500，最大迭代次数 T=1000，自身历史最优位置加速度常数 $c_p = 2$，群体最优位置加速度常数 $c_g = 2$。设置较大的粒子群规模和迭代次数是为了降低粒子群陷入局部最优解的可能性。

如图 8.9 所示，星号点表示该水电站建设项目动态施工场地设施布局问题的 Pareto 最优解，棱形点表示粒子当前的个体最优位置。决策者可以按照他们的偏好在 Pareto 最优解中选择一个设施布局方案。例如，如果决策者认为安全和环境目标是最重要的，他们愿意牺牲一部分费用目标来选择最安全的设施布局方案，则他们会采用的方案如表 8.8 所示；相反，如果决策者认为费用是最重要的目标，他们就会选择费用最低的布局方案（表 8.9）。

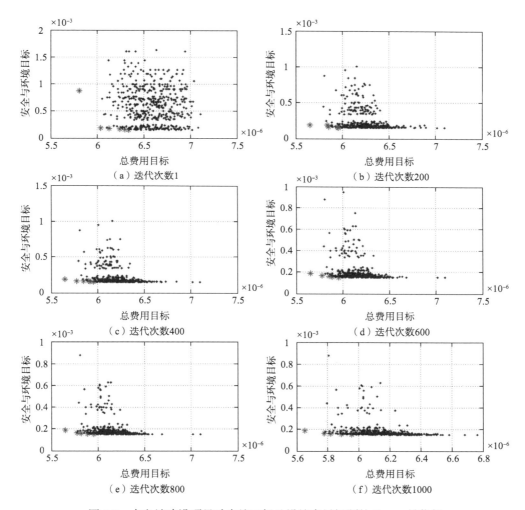

图 8.9　水电站建设项目动态施工场地设施布局问题的 Pareto 最优解

表 8.8　水电站安全与环境目标最优布局的解

阶段	F_1	F_2	F_3	F_4	F_5	F_6	F_7	F_8	F_9	F_{10}	F_{11}	F_{12}	F_{13}	F_{14}
1	3	—	—	1	4	5	—	10	14	9	2	12	6	7
2	3	13	—	1	4	5	—	10	14	9	2	12	6	7
3	3	13	—	1	4	9	—	10	14	11	2	8	6	7
4	12	3	1	13	4	9	—	10	—	11	2	8	6	7

续表

阶段	F_1	F_2	F_3	F_4	F_5	F_6	F_7	F_8	F_9	F_{10}	F_{11}	F_{12}	F_{13}	F_{14}
5	12	3	1	13	4	9	—	10	14	11	2	8	6	7
6	12	13	—		4	9	5	10	14	11	2	8	6	7
7	12	13	—		4	9	5	14	—	11	2	8	6	7
8	—	13	—		4	9	5	14	—		11	8	6	7

表 8.9　水电站费用最优布局的解

阶段	F_1	F_2	F_3	F_4	F_5	F_6	F_7	F_8	F_9	F_{10}	F_{11}	F_{12}	F_{13}	F_{14}
1	8	—	—	1	4	5	—	3	10	11	2	12	6	7
2	8	13	—	1	4	5	—	3	10	11	2	12	6	7
3	12	13	—	14	4	9	—	3	10	11	2	8	6	7
4	12	13	1	14	4	9	—	3	—	11	2	8	6	7
5	12	13	1	14	4	9	—	3	10	11	2	8	6	7
6	12	13	—	—	4	9	5	3	10	11	2	8	6	7
7	12	13	—	—	4	9	5	10	—	11	2	8	6	7
8	—	13	—	—	4	9	5	10	—	—	11	8	6	7

8.5.3　模型分析

本节对比了在施工场地设施动态布局问题中模糊随机模型与其他传统模型，包括清晰模型与只考虑模糊性的模型。

（1）定性来说，在施工场地设施动态布局问题中客观存在着模糊与随机两类不确定性，无论是清晰的模型还是模糊模型都忽略了模糊与随机客观同时存在的情况，这不符合实际，而模糊随机模型则同时考虑了这两类不确定性，更加贴近实际。

（2）定量来说，模糊随机模型、清晰模型和简单随机模型，各运行了带相同参数的多目标粒子群算法 10 次来比较各个模型获得的平均目标值。考虑到真正清晰的模型并不存在，针对设施的运行费用和设施之间的交互费用，只能随机地取一些定值带入模型。对于简单随机模型，则忽略了其中的模糊性。三种模型的表现见表 8.10，模糊随机模型比清晰模型和简单随机模型有更好的目标值且表现得更加稳定。

表 8.10　三种模型的比较

模型类型	总费用目标/10^6元			安全与环境目标		
	最好值	最差值	平均值	最好值	最差值	平均值
模糊随机模型	5.8404	5.9809	5.9114	152.1	162.8	156.2
简单随机模型	5.9531	6.2909	6.1736	157.2	186.4	171.1
清晰模型	5.9902	6.4373	6.2889	158.4	375.4	181.6

8.6　本　章　小　结

　　针对动态水资源开发项目场地布置问题提出了一个多目标评价问题，在建模的过程中提出了模糊随机变量，从而更好地描述了问题中存在的双重不确定现象。为了处理模型中的模糊随机性，采用了机会约束算子。为了求解这个模型，提出了一个序数表达的、带混合更新机制的多目标粒子群算法。其后，将模型和算法应用到了某水电站建设项目中的动态设施布局实际案例中，来验证模型和算法的有效性与实用性。本章主要贡献在于：①着眼于动态的水资源开发项目场地布置，这对于大型的施工建设项目更加具有实用意义；②首次引入模糊随机变量来描述动态施工场地设施布局问题，并针对一般的模糊随机机会约束决策模型的处理方法展开了讨论；③提出的序数表达的、带混合更新机制的多目标粒子群算法避免了进化过程中产生的非可行解，得到了一系列 Pareto 最优解；④实际案例的研究验证了模型和算法的可行性。

第9章 总 结

　　我国面临着水资源储量不足、水资源时空分布不均、水质恶化等突出难题,使得水资源的评价及以此为基础的水资源合理开发与利用的决策问题成为长期以来的重点和难点。随着社会的进步和经济的发展,更需要发展水资源评价的科学理论方法和应用技术,才能更加科学地指导水资源规划、开发、利用、保护和管理等基础性工作,为水资源合理配置和开发提供科学的决策依据。本书为了适应变化环境的要求,从生态管理的独特视角出发,基于多属性理论、不确定理论、多目标理论和群决策理论,对现有的水资源评价方法和理论做进一步的补充和扩展,解决一些现代环境水资源评价面临的迫切且重要的关键问题,包括指标体系的建立、定量评价模型的提出;改进水资源评价中的不确定性描述,引入犹豫模糊等新颖而实用的概念;增大评价口径,探索多元动态的水资源评价方法;发展水资源多属性、多目标评价方法,探索新的赋权方法和信息集结方法,并进行实际的水资源评价案例研究。

　　本书为变化环境下水资源评价提供方法学支撑,为缓解水资源生态危机提供有益参考和思路。

9.1 主 要 结 论

　　具体而言,针对本书涉及的五个关键水资源评价问题:考虑虚拟水的区域水资源协调评价、基于优先级的模糊多目标水资源调配评价、带混合不确定的水资源开发项目生态风险评价、水资源突发事件生态系统可恢复性评价、水资源开发项目场地布置动态多目标评价,得出以下结论。

　　(1)在区域水资源协调评价问题中,引入水足迹理论和犹豫模糊理论。通过引入虚拟水的概念,进一步丰富水资源协调的内涵。同时考虑可见水和虚拟水,从公平、生态、效率的角度建立合理的评价指标体系。犹豫模糊理论的应用提高了决策群体对指标重要性进行评价时的语义灵活性。通过最小化决策群体的分歧度和评价模糊度的模型，确定决策者的权重，进而求出不同指标的权重，应用TOPSIS 方法集结出最终的评价结果。将提出的方法与传统的直接赋予决策者相同权重的方法做对比，发现提出的方法可以获得更高的一致性和评价确定性。将提出的方法应用于评价某区域的水资源协调程度，并提出了提高该区域的水资源协调程度的决策建议。在水资源协调过程中考虑了虚拟水，将有助于更好地缓解区域水资源压力，区域进行生产规划时也可考虑总体虚拟水的消耗等，更好地调整其生产计划等。

（2）在基于优先级的模糊多目标水资源调配评价问题中，提出了一种基于优先级的 MOP 模型，以解决一个 WRDA 问题。为了确定多个目标的优先级，设计了一种由 PSR 多属性评价体系组成的优先级确定方法和基于 TOPSIS 的排序偏好评估方法，然后将 MOP 模型转化为基于可解的 GP 模型。由于纳入了模糊随机变量，并考虑到社会、经济、环境和生态目标的优先级，所得结果可以根据局部条件进行调整，因此比传统的加权和、Pareto 多目标 WRDA 方法更适用。以我国某区域为例，验证了该方法在科学制订 WRDA 方案中的实用性和合理性。

（3）在水资源开发项目可持续性风险评价问题中，从可持续性风险的角度将其视为一个复杂的系统，并将其分为三个子系统：自然环境子系统、生态环境子系统和社会经济子系统。考虑到一些定量维度的不确定性，通过混合不确定性方法表示这些不确定因素。通过计算每个风险相关因素中的可持续性风险相关程度，建立了可持续性风险评价模型。根据计算结果，确定关键的可持续性风险相关因素，并将其作为目标，以减少由水资源开发项目的可持续性风险因素造成的损失。以正在建设中的某水电站为例，论证了风险评价模型的可行性，为其他大型水资源开发项目的可持续性风险评价提供参考。

（4）在水资源突发事件生态系统可恢复性评价问题中，提出了一个城市洪水灾害可恢复性评价体系，可为城市决策者提供指导；构建了涵盖洪涝前的抗洪能力、洪涝期间的应对和恢复能力、洪涝后的适应能力的灾害全周期的城市洪水灾害可恢复性评价体系。该评价体系包含了专家的模糊判断和随机数据的混合不确定信息。为确定决策者的权重，提出了专家权重的最大共识模型。在此基础上，将传统的 VIKOR 方法扩展为对所有清晰、随机、犹豫的模糊信息进行聚合，使该方法更能适应混合不确定环境。此外，还将该方法应用于我国五个城市，提出了提高城市洪水灾害可恢复性的管理建议，对结果进行灵敏性分析和对比分析。

（5）针对水资源开发项目场地布置问题提出了一个多目标动态评价模型，在建模的过程中提出了模糊随机变量，从而更好地描述了问题中存在的双重不确定现象。为了处理模型中的模糊随机性，采用了机会约束算子。为了求解这个模型，提出了一个序数表达的、带混合更新机制的多目标粒子群算法。其后，将模型和算法应用到了某水电站建设项目中的动态设施布局实际案例中，来验证模型和算法的有效性和实用性。

本书所涉及的新的赋权方法、信息集结方法、混合不确定信息处理方法也可应用于其他多属性评价和不确定决策问题中。

9.2　展　　望

随着对水资源评价问题研究的不断深入，面向生态管理和不确定性的水资源评价未来研究方向如下。

（1）水资源评价及在此之上的水资源管理方法和技术还需要进一步发展，以适应新形势下生态管理的更高要求。在碳中和背景下，气候变化与水资源的关系及全球水资源危机都将成为今后研究的重要议题。

（2）水资源评价中多类不确定信息的描述和处理还有待进一步深入。本书涉及了评价问题中常见的直觉模糊数、犹豫模糊数、随机变量及模糊随机变量在水资源评价问题中的应用，还有其他的一些不确定类型有助于描述水资源评价问题中的不确定性，如灰色不确定。对于水资源评价中的一些因子和参数，如果获取的信息不完整，即某些信息已知，而某些未知，则信息具有灰性，称为灰色信息。现有的水资源评价中已有关于水资源的灰色聚类评价研究，未来还可以进一步研究灰色不确定与其他多属性和群评价方法在水资源评价问题中的应用。同时，需要将已有的评价方法扩展到能够同时处理多类不确定性，对水资源评价中不确定性的处理和多类型信息的集结方法也需要进一步深入。

（3）继续发展多元主体的水资源评价方法。随着经济社会的发展，人类活动日趋复杂，分工合作日益紧密，群体决策能够集思广益、博采众长。在水资源管理中，重大决策事项常常涉及多方利益，群体决策通过群体各方的参与成为多方利益都能得到保证的基本决策形式，有利于调动各方积极性。未来将继续深入研究多元主体水资源评价中的共识过程、共识度量、群体心理等特征，使得水资源评价获得的信息更丰富，分析更全面。

（4）将对更多水资源评价热点和难点问题进行研究，如水资源安全评价、水资源承载力评价等，都是水资源评价中普遍关注的热点问题，未来拟进一步对这些热点水资源评价问题展开系统研究。

（5）发展动态水资源评价方法。以水资源短缺影响评价为例，提出水资源短缺影响概念模型，如图9.1所示。在该模型中，客观指标可由动态指标值来表示，如"饮水安全影响"指标下，有"居民人均生活用水量""水源水质达标率""水质不安全人口比例"等动态指标值。对于动态指标值，可以区分不同的动态特性加以处理。例如，随机波动值可用数学期望处理，带统计分布特性的动态水文序列可用水文统计方法处理，动态经济信息可用经济计量方法处理，或对动态水文和经济指标值加入时间维度（如月份、季度、年度）进行分阶段处理。

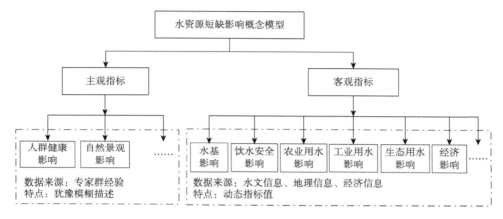

图 9.1　水资源短缺影响概念模型

（6）今后的研究将尝试将方法和模型应用到更多流域、省市实际案例中，来验证方法的可行性与先进性，对水资源管理提出有洞察力的管理建议，并对不同评价方法进行综合比较分析。

参 考 文 献

[1] Böhmelt T, Bernauer T, Buhaug H, et al. Demand, supply, and restraint: determinants of domestic water conflict and cooperation. Global Environmental Change, 2014, 29: 337-348.

[2] 王浩, 王建华, 秦大庸, 等. 现代水资源评价及水资源学学科体系研究. 地球科学进展, 2002, (1): 12-17.

[3] Allan J A. Virtual water - the water, food, and trade nexus. useful concept or misleading metaphor?. Water International, 2003, 28 (1): 106-113.

[4] Aldaya M M, Chapagain A K, Hoekstra A Y, et al. The water footprint assessment manual. London: Routledge, 2011.

[5] Hoekstra A Y, Hung P Q. Virtual water trade: a quantification of virtual water flows between nations in relation to international crop trade. Water Science & Technology, 2002, 49 (11): 203-209.

[6] 孙秀玲. 水资源评价与管理. 北京: 中国环境出版社, 2013.

[7] 许斌. 变化环境下区域水资源变异与评价方法不确定性. 武汉: 武汉大学, 2013.

[8] 中国水资源公报 (1999—2005). http://www.mwr.gov.cn/sj/tjgb/szygb[2022-05-31].

[9] 王浩, 仇亚琴, 贾仰文. 浅析变化环境下的水资源评价理论方法. 水利发展研究, 2010, 10 (8): 9-11.

[10] 张细兵. 十六字治水方针的科学内涵及其对长江治理的启示. 人民长江, 2019, 50 (S1): 1-5.

[11] 刘欢, 左其亭, 马军霞. 基于"三条红线"约束的区域人水和谐评价. 水利水电技术, 2014, 45 (9): 6-11.

[12] 张硕新. 生态管理学. 北京: 中国农业出版社, 2009.

[13] 李少华. 面向不确定性的水资源安全评价和预警理论及方法. 北京: 中国水利水电出版社, 2014.

[14] 张志强, 左其亭, 马军霞. 基于人水和谐理念的"三条红线"评价及应用. 水电能源科学, 2015, 33 (1): 136-140.

[15] UNEP. Status report on the application of integrated approaches to water resources management. 2012.

[16] Mkandawire T, Mulwafu W, Chipofya V, et al. The road to a national integrated water resources management/water efficiency (IWRM/WE) plan: challenges and lessons from Malawi. waternetonline. ihe. nl, 2016.

[17] The Global Water Partnership. Integrated water resources management (IWRM) tools and frameworks, a comprehensive approach to water conservation, management and development. http://www.gwp.org/[2017-03-01].

[18] Yu H H, Edmunds M, Lora-Wainwright A, et al. Governance of the irrigation commons under integrated water resources management – a comparative study in contemporary rural China. Environmental Science & Policy, 2016, 55: 65-74.

[19] 世界气象组织, 联合国教科文组织. 水资源评价: 国家能力评估手册. 李世明等译. 郑州: 黄河水利出版社, 2001.

[20] 赵建世, 王忠静, 翁文斌. 水资源复杂适应配置系统的理论与模型. 地理学报, 2002, (6): 639-647.

[21] 王浩, 仇亚琴, 贾仰文. 水资源评价的发展历程和趋势. 北京师范大学学报(自然科学版), 2010, 46 (3): 274-277.

[22] Miloradov, Milorad, Marjanovic, et al. Guidelines for conducting water resources assessment. 1998.

[23] 汪迎春, 杨敬元, 余辉亮, 等. 神农架国家公园大九湖湿地水质变化与浮游生物分布特征. 长江流域资源与环境, 2021, 30 (6): 1406-1411.

[24] 胡东滨, 蔡洪鹏, 陈晓红, 等. 基于证据推理的流域水质综合评价法——以湘江水质评价为例. 资源科学, 2019, 41 (11): 2020-2031.

[25] Bhattacharjee J, Rabbil M, Fazel N, et al. Accuracy assessment of remotely sensed data to analyze lake water balance in semi-arid region. Science of The Total Environment, 2021, 797.

[26] 杨冰, 刘建卫, 秦国帅, 等. 基于水量水质综合评价的洪水资源利用方式分析. 水力发电, 2021, 47 (8): 32-36.

[27] Saadatpour M, Javaheri S, Afshar A, et al. Optimization of selective withdrawal systems in hydropower reservoir considering water quality and quantity aspects. Expert Systems with Applications, 2021, 184: 115474.1-115474.11.

[28] 李雨欣, 薛东前, 宋永永. 中国水资源承载力时空变化与趋势预警. 长江流域资源与环境, 2021, 30 (7): 1574-1584.

[29] 阿丽亚·阿不都克里木. 水资源承载力动态变化及驱动因素探究. 能源与节能, 2021, 7: 111-112, 140.

[30] 桓颖, 张文静, 王楠. 基于主成分分析的吉林西部地区农业水资源承载力评价. 长江科学院院报, 2014, 31 (9): 11-16.

[31] Chen Y Z, He L, Lu H W, et al. Planning for regional water system sustainability through water resources security assessment under uncertainties. Water Resources Management, 2018, 32: 3135-3153.

[32] 池静静, 陈彬. 基于 TOPSIS 的灰色关联法在水资源安全评价中的应用研究. 水土保持通报, 2009, 29 (2): 155-159.

[33] Liu K K, Li C H, Cai Y P, et al. Comprehensive evaluation of water resources security in the Yellow River basin based on a fuzzy multi-attribute decision analysis approach. Hydrology and Earth System Sciences, 2014, 18 (5): 1605-1623.

[34] Liu L. Assessment of water resource security in karst area of Guizhou Province, China. Scientific Reports, 2021, 11: 7641.

[35] 申毅荣, 解建仓. 基于熵权和 TOPSIS 法的水安全模糊物元评价模型研究及其应用. 系统工程, 2014, 32 (7): 143-148.

[36] 张学霞, 武鹏飞, 刘奇勇. 基于空间聚类分析的松辽流域水资源利用风险评价. 地理科学进展, 2010, 29 (9): 1032-1040.

[37] 殷强. 基于改进生态足迹模型的水资源可持续利用评价——以民勤绿洲为例. 兰州: 甘肃农业大学, 2021.

[38] 侯林秀, 温璐, 张雪峰, 等. 内蒙古地区水足迹量化及水资源评价分析. 中国农业大学学报, 2021, 26 (8): 182-195.

[39] 井沛然, 郭利丹. 基于生态足迹的浙江省水资源利用与经济协调发展研究. 水利水电技术 (中英文), 2021, 52 (6): 42-51.

[40] 国务院发展研究中心 "我国环境污染形势分析与治理对策研究" 课题组, 高世楫, 李佐军, 等. 中国水环境监管体制现状、问题与改进方向. 发展研究, 2015, (2): 4-9.

[41] 曾维华, 胡官正, 陈异辉. 基于 "水陆统筹" 的入河排污口监管体制研究. 环境保护, 2021, 49 (15): 37-41.

[42] 张新娇, 唐德善, 孙学颖. 基于 AHP 与模糊综合评判法的水资源高效管理评价. 水电能源科学, 2014, 32 (5): 133-136.

[43] 金菊良, 张礼兵, 魏一鸣. 水资源可持续利用评价的改进层次分析法. 水科学进展, 2004 (2): 227-232.

[44] 高玉杉, 方国华, 黄显峰, 等. 基于模糊层次分析与可变模糊集的徐州市水资源管理现代化评价. 水电能源科学, 2014, 32 (4): 155-158.

[45] Sislian R, Júnior V M, Kunigk L, et al. Evaluation of water consumption and neuro-fuzzy model of the detergent leavings kinetics' removal in a clean in place system. Springer Netherlands, 2014, 8: 97-106.

[46] 罗军刚, 解建仓, 阮本清. 基于熵权的水资源短缺风险模糊综合评价模型及应用. 水利学报, 2008, (9): 1092-1097, 1104.

[47] El-Baroudy I, Simonovic S P. Fuzzy criteria for the evaluation of water resource systems performance. Water Resources Research, 2004, 40 (10): W10503.

[48] Winward G P, Avery L M, Frazer-Williams R, et al. A study of the microbial quality of grey water and an evaluation of treatment technologies for reuse. Ecological Engineering, 2008, 32 (2): 187-197.

[49] 刘冲, 沈振中, 甘磊, 等. 基于模糊灰色聚类-组合赋权的病险水库康复度综合评价方法. 水利水电科技进展, 2018, 38 (03): 40-45.

[50] 盛周君, 孙世群, 王京城, 倪小东, 褚巍. 基于主成分分析的河流水环境质量评价研究. 环境科学与管理, 2007, 32 (12): 172-175.

[51] 何哲, 桂居铎, 于宁, 等. 基于主成分分析-熵权-相关性分析法的水生态功能及驱动因子综合评价. 中国农学通报, 2014, 30 (26): 178-183.

[52] Tabata T, Hiramatsu K, Harada M. Assessment of the water quality in the ariake sea using

principal component analysis. Journal of Water Resource and Protection, 2015, 7（1）: 41-49.

[53] 王勇. 基于改进人工蜂群算法优化投影寻踪的水资源配置方案评价. 水电与新能源, 2014,（4）: 5-8, 12.

[54] 金菊良, 刘永芳, 丁晶, 等. 投影寻踪模型在水资源工程方案优选中的应用. 系统工程理论方法应用, 2004,（1）: 81-84.

[55] Wang S J, Ni C J. Application of projection pursuit dynamic cluster model in regional partition of water resources in China. Water Resources Management, 2008, 22（10）: 1421-1429.

[56] 周惠成, 董四辉. 基于投影寻踪的水质评价模型. 水文, 2005,（4）: 14-17.

[57] Bian Y W, Yan S, Xu H. Efficiency evaluation for regional urban water use and wastewater decontamination systems in China: a DEA approach. Resources, Conservation and Recycling, 2014, 83: 15-23.

[58] Organisation for Economic Co-operation and Development（OECD）. Environmental Indicators Development, Measurement and Use. Paris: OECD, 2003, 13-15.

[59] 吕永龙, 曹祥会, 王尘辰. 实现城市可持续发展的系统转型. 生态学报, 2019, 39（4）: 1125-1134.

[60] 谢平, 陈广才, 夏军. 变化环境下非一致性年径流序列的水文频率计算原理. 武汉大学学报（工学版）, 2005,（6）: 6-9, 15.

[61] 谢平, 陈广才, 雷红富. 变化环境下基于趋势分析的水资源评价方法. 水力发电学报, 2009, 28（2）: 14-19.

[62] Verma A, Thakur B, Katiyar S, et al. Evaluation of ground water quality in Lucknow, Uttar Pradesh using remote sensing and geographic information systems（GIS）. International Journal of Water Resources and Environmental Engineering, 2013, 5（2）: 67-76.

[63] 石红, 张博, 李媛, 等. 基于生态网络分析的流域水资源可持续性评价方法研究. 水电能源科学, 2015, 33（4）: 38-42.

[64] Adekoya M, Liu Z C, Vered E, et al. Agronomic and ecological evaluation on growing water-saving and drought-resistant rice（oryza sativa L.）through drip irrigation. Journal of Agricultural Science, 2014, 6（5）: 110-119.

[65] Gorai A K, Hasni S A, Iqbal J. Prediction of ground water quality index to assess suitability for drinking purposes using fuzzy rule-based approach. Applied Water Science, 2016, 6（4）: 393-405.

[66] Torra V. Hesitant fuzzy sets. International Journal of Intelligent Systems, 2010, 25（6）: 529-539.

[67] Farhadinia B. Hesitant fuzzy set lexicographical ordering and its application to multi-attribute decision making. Information Sciences, 2016, 327: 233-245.

[68] Pérez-Fernández R, Alonso P, Bustince H, et al. Applications of finite interval-valued hesitant fuzzy preference relations in group decision making. Information Sciences, 2016, 326: 89-101.

[69] 杨耀, 张枝梅, 张国晓. 随机模型在地下水资源评价中的应用研究. 环境与发展, 2013, 29（4）: 80-84.

[70] Xu J P, Tu Y, Zeng Z Q. Bilevel optimization of regional water resources allocation problem under fuzzy random environment. Journal of Water Resources Planning and Management, 2013,

139（3）：246-264.

[71] 马继. 随机观测误差对水环境评价的影响. 资源节约与环保，2014，（3）：100.

[72] Ping Y，Wang Z C，Li S C，et al. Water seal effect evaluation of underground crude oil storage caverns around rock mass with random joints. Rock & Soil Mechanics，2014，35（3）：811-819.

[73] 王巧平. 天然年径流量系列一致性修正方法的改进. 水利规划与设计，2003，（2）：38-40.

[74] Yan J J，Sha J H，Chu X，et al. Dynamic evaluation of water quality improvement based on effective utilization of stockbreeding biomass resource. Sustainability，2014，6（11）：8218-8236.

[75] Ma J，Lu J，Zhang G Q. Decider：a fuzzy multi-criteria group decision support system. Knowledge-Based Systems，2010，23（1）：23-31.

[76] Bai S，Hua Q，Elwert T，et al. Development of a method based on MADM theory for selecting a suitable cutting fluid for granite sawing process. Journal of Cleaner Production，2018，185：211-229.

[77] Razavi Toosi S L，Samani J M V. A new integrated MADM technique combined with ANP，FTOPSIS and fuzzy max-min set method for evaluating water transfer projects. Water Resources Management，2014，28（12）：4257-4272.

[78] Ciuiu D. MADM in the case of simultaneous equations models and economic applications. Procedia Economics and Finance，2014，8：167-174.

[79] Zineb A B，Ayadi M，Tabbane S. An enhanced vertical handover based on fuzzy inference MADM approach for heterogeneous networks. Arabian Journal for Science and Engineering，2017，42（8）：3263-3274.

[80] 陈建芸. 多属性决策方法研究综述. 现代商业，2010，（30）：110，112.

[81] Martino J P. The Delphi method：techniques and applications. Technological Forecasting and Social Change，1976，8（4）：441-442.

[82] Rezaie K，Ramiyani S S，Nazari-Shirkouhi S，et al. Evaluating performance of Iranian cement firms using an integrated fuzzy AHP–VIKOR method. Applied Mathematical Modelling，2014，38（21-22）：5033-5046.

[83] Feng Y X，Hong Z X，Tian G D，et al. Environmentally friendly MCDM of reliability-based product optimisation combining DEMATEL-based ANP，interval uncertainty and vlse kriterijumska optimizacija kompromisno resenje（VIKOR）. Information Sciences，2018，442-443：128-144.

[84] Mousavi S M，Tavakkoli-Moghaddam R，Heydar M，et al. Multi-criteria decision making for plant location selection：an integrated Delphi–AHP–PROMETHEE methodology. Arabian Journal for Science and Engineering，2012，38（5）：1255-1268.

[85] Brankovic J M，Markovic M，Nikolic D. Comparative study of hydraulic structures alternatives using promethee II complete ranking method. Water Resources Management，2018，32：3457-3471.

[86] 李洪兴，汪群，段钦治，等. 工程模糊数学方法及应用. 天津：天津科学技术出版社，1993.

[87] 苏波，王浣尘. 群决策研究的评述. 决策与决策支持系统，1995，3：115-124.

[88] 邱菀华. 管理决策与应用熵学. 北京：机械工业出版社，2002.

[89] Riddle A M. Investigation of model and parameter uncertainty in water quality models using a random walk method. Journal of Marine Systems, 2001, 28（3/4）: 269-279.

[90] 黄振平. 水文统计学. 南京: 河海大学出版社, 2003.

[91] Zadeh L A. Fuzzy sets. Information and Control, 1965, 8（3）: 338-353.

[92] Zadeh L A. Probability measures of Fuzzy events. Journal of Mathematical Analysis and Applications, 1968, 23（2）: 421-427.

[93] Zadeh L A. The concept of a linguistic variable and its application to approximate reasoning—I. Information Sciences, 1975, 8（3）: 199-249.

[94] Zadeh L A. Fuzzy sets as a basis for a theory of possibility. Fuzzy Sets and Systems, 1978, 1（1）: 3-28.

[95] John R. Type 2 fuzzy sets: an appraisal of theory and applications. International Journal of Uncertainty, Fuzziness and Knowledge-Based Systems, 1998, 6（6）: 563-576.

[96] Mendel J M, John R I B. Type-2 fuzzy sets made simple. IEEE Transactions on Fuzzy Systems, 2002, 10（2）: 117-127.

[97] Atanassov K, Gargov G. Interval valued intuitionistic fuzzy sets. Fuzzy Sets and Systems, 1989, 31（3）: 343-349.

[98] Grzegorzewski P. Distances and orderings in a family of intuitionistic fuzzy numbers//Conference of the European Society for Fuzzy Logic and Technology, Zittau, Germany, 2003.

[99] Hashemi H, Bazargan J, Mousavi S M. A compromise ratio method with an application to water resources management: an intuitionistic fuzzy set. Water Resources Management, 2013, 27（7）: 2029-2051.

[100] Xu Y J, Wang H M, Merigó J M. Intuitionistic fuzzy Einstein Choquet integral operators for multiple attribute decision making. Technological and Economic Development of Economy, 2014, 20（2）: 227-253.

[101] Kucukvar M, Gumus S, Egilmez G, et al. Ranking the sustainability performance of pavements: an intuitionistic fuzzy decision making method. Automation in Construction, 2014, 40: 33-43.

[102] Papageorgiou E I. Review study on fuzzy cognitive maps and their applications during the last decade. Proceedings of the 2011 IEEE International Conference on Fuzzy Systems（FUZZ-IEEE 2011）, 2011, 444: 828-835.

[103] Behzadian M, Otaghsara S K, Yazdani M, et al. A state-of the-art survey of TOPSIS applications. Expert Systems with Applications, 2012, 39（17）: 13051-13069.

[104] Atanassov K T. On Intuitionistic Fuzzy Sets: Theory and Applications. Studies in Fuzziness and Soft Computing. Berlin: Springer, 1999.

[105] Torra V, Narukawa Y. On hesitant fuzzy sets and decision. IEEE International Conference on Fuzzy Systems, 2009.

[106] Xia M M, Xu Z S, Chen N. Some hesitant fuzzy aggregation operators with their application in group decision making. Group Decision and Negotiation, 2013, 22（2）: 259-279.

[107] Chen N, Xu Z S, Xia M M. Correlation coefficients of hesitant fuzzy sets and their applications

to clustering analysis. Applied Mathematical Modelling, 2013, 37（4）: 2197-2211.

[108] Chen N, Xu Z S. Hesitant fuzzy ELECTRE II approach: a new way to handle multi-criteria decision making problems. Information Sciences, 2015, 292: 175-197.

[109] Liao H C, Xu Z S, Zeng X J. Distance and similarity measures for hesitant fuzzy linguistic term sets and their application in multi-criteria decision making. Information Sciences, 2014, 271: 125-142.

[110] Li Z M, L X, Yin H L. A multi-criteria group decision making method for elevator safety evaluation with hesitant fuzzy judgments. Applied and Computational Mathematics, 2017, 16: 296-312.

[111] Thuong N T H, Zhang R C, Li Z M, et al. Multi-criteria evaluation of financial statement quality based on hesitant fuzzy judgments with assessing attitude. International Journal of Management Science and Engineering Management, 2018, 13（4）: 254-264.

[112] Liao H C, Xu Z S, Zeng X J. Hesitant fuzzy linguistic VIKOR method and its application in qualitative multiple criteria decision making. IEEE Transactions on Fuzzy Systems, 2015, 23（5）: 1343-1355.

[113] Yager R R, Zadeh L A. An Introduction to Fuzzy Logic Applications in Intelligent Systems. Boston: Springer, 1992.

[114] Kwakernaak H. Fuzzy random variables—I. definitions and theorems. Information Sciences, 1978, 15（1）: 1-29.

[115] Kwakernaak H. Fuzzy random variables—II. Algorithms and examples for the discrete case. Information Sciences, 1979, 17（3）: 253-278.

[116] Gil M A, Lopez-Diaz M, Ralescu D A. Overview on the development of fuzzy random variables. Fuzzy Sets and Systems, 2006, 157（19）: 2546-2557.

[117] Zeng Z Q, Xu J P, Wu S Y, et al. Antithetic method-based particle swarm optimization for a queuing network problem with fuzzy data in concrete transportation systems. Computer-Aided Civil and Infrastructure Engineering, 2014, 29（10）: 771-800.

[118] Kruse R, Meyer K D. Statistics with Vague Data. Dordrecht: Springer, 1987.

[119] Liu Y K, Liu B D. Fuzzy random variables: a scalar expected value operator. Fuzzy Optimization and Decision Making, 2003, 2（2）: 143-160.

[120] Puri M L, Ralescu D A. Fuzzy random variables. Journal of Mathematical Analysis and Applications, 1986, 114（2）: 409-422.

[121] Deb K, Goldberg D E. An investigation of niche and species formation in genetic function optimization, proceeding of the 3rd International Conference on Genetic Algorithms. California. ICGA, 1989: 42-50.

[122] Zitzler E, Deb K, Thiele L. Comparison of multiobjective evolutionary algorithms: empirical results. Evolutionary Computation, 2000, 8（2）: 173-195.

[123] Veldhuizen D A V, Lamont G B. Evolutionary computation and convergence to a pareto front. Late Breaking Papers at The Genetic Programming 1998 Conference, 1999.

[124] 王志良. 水资源管理多属性决策与风险分析理论方法及应用研究. 成都: 四川大学, 2003.

[125] Alizadeh M R, Nikoo M R, Rakhshandehroo G R. Hydro-environmental management of groundwater resources: a fuzzy-based multi-objective compromise approach. Journal of Hydrology, 2017, 551: 540-554.

[126] Li M, Fu Q, Guo P, et al. Stochastic multi-objective decision making for sustainable irrigation in a changing environment. Journal of Cleaner Production, 2019, 223: 928-945.

[127] 卢惠芳. 水文统计存在的问题及对策探究. 纳税, 2019, 13（5）: 294-295.

[128] 卢惠芳. 新时期做好水文统计工作的对策研究. 消费导刊, 2019, （13）: 270-271.

[129] 熊德平. 农村金融与农村经济协调发展研究. 北京: 社会科学文献出版社, 2009.

[130] 王晓宇, 袁汝华. 长江经济带水资源开发利用与社会经济综合发展协调演进分析. 软科学, 2021, 35（11）: 106-114.

[131] Doorn N. Equity and the Ethics of Water Governance. Cham: Springer, 2013.

[132] Abdullaev I.Water Cooperation in Central Asia: lessons and opportunities. Samarkand Conference 2016, Institute of Agricultural Development in Transition Economies（IAMO）, 2016.

[133] Null S E, Prudencio L. Climate change effects on water allocations with season dependent water rights. Science of the Total Environment, 2016, 571: 943-954.

[134] Xu Y, Wang Y, Li S, et al. Stochastic optimization model for water allocation on a watershed scale considering wetland's ecological water requirement. Ecological Indicators, 2018, 92: 330-341.

[135] Sun S K, Wang Y B, Engel B A, et al. Effects of virtual water flow on regional water resources stress: a case study of grain in China. Science of the Total Environment, 2016, 550: 871-879.

[136] Zhu F L, Zhong P A, Sun Y M. Multi-criteria group decision making under uncertainty: Application in reservoir flood control operation. Environmental Modelling & Software, 2018, 100: 236-251.

[137] Cai X M. Water stress, water transfer and social equity in northern China-Implications for policy reforms. Journal of Environmental Management, 2008, 87（1）: 14-25.

[138] Vieira P, Jorge C, Covas D. Assessment of household water use efficiency using performance indices. Resources, Conservation and Recycling, 2017, 116: 94-106.

[139] Ji X. Taking the pulse of urban economy: from the perspective of systems ecology. Ecological Modelling, 2015, 318: 36-48.

[140] Wang X, Cui Q, Li S Y. An optimal water allocation model based on water resources security assessment and its application in Zhangjiakou Region, northern China. Resources, Conservation and Recycling, 2012, 69: 57-65.

[141] Luo P Z, Yang Y, Wang H T, et al. Water footprint and scenario analysis in the transformation of chongming into an international eco-island. Resources, Conservation and Recycling, 2018, 132: 376-385.

[142] Hu Z N, Chen Y Z, Yao L M, et al. Optimal allocation of regional water resources: from a perspective of equity-efficiency tradeoff. Resources, Conservation and Recycling, 2016, 109: 102-113.

[143] Ma D C, Xian C F, Zhang J, et al. The evaluation of water footprints and sustainable water utilization in Beijing. Sustainability, 2015, 7 (10): 13206-13221.

[144] Li C H, Xu M, Wang X, et al. Spatial analysis of dual-scale water stresses based on water footprint accounting in the Haihe River Basin, China. Ecological Indicators, 2018, 92: 254-267.

[145] Boschetti F, Richert C, Walker I, et al. Assessing attitudes and cognitive styles of stakeholders in environmental projects involving computer modelling. Ecological Modelling, 2012, 247: 98-111.

[146] Liao H C, Xu Z S, Herrera-Viedma E, et al. Hesitant fuzzy linguistic term set and its application in decision making: a state-of-the-art survey. International Journal of Fuzzy Systems, 2018, 20 (7): 2084-2110.

[147] Liao H C, Xu Z H, Zeng X J. Novel correlation coefficients between hesitant fuzzy sets and their application in decision making. Knowledge-Based Systems, 2015, 82: 115-127.

[148] Xu Z S. Intuitionistic fuzzy aggregation operators. IEEE Transactions on Fuzzy Systems, 2007, 15 (6): 1179-1187.

[149] Li Z M, Xu J P, Lev B, et al. Multi-criteria group individual research output evaluation based on context-free grammar judgments with assessing attitude. Omega, 2015, 57: 282-293.

[150] 中华人民共和国国家统计局. 中国统计年鉴 2016. 北京: 中国统计出版社, 2017.

[151] Fu Y C, Zhang J, Zhang C L, et al. Payments for ecosystem services for watershed water resource allocations. Journal of Hydrology, 2017, 556: 689-700.

[152] Shao W W, Yang D W, Hu H P, et al. Water resources allocation considering the water use flexible limit to water shortage-a case study in the Yellow River Basin of China. Water Resources Management, 2009, 23 (5): 869-880.

[153] 刘毅, 贾若祥, 侯晓丽. 中国区域水资源可持续利用评价及类型划分. 环境科学, 2005, 26 (1): 42-46.

[154] Xia J, Qiu B, Li Y Y. Water resources vulnerability and adaptive management in the Huang, Huai and Hai river basins of China. Water International, 2012, 37 (5): 523-536.

[155] Li C H, Xu M, Wang X, et al. Spatial analysis of dual-scale water stresses based on water footprint accounting in the Haihe River Basin, China. Ecological Indicators, 2017, 92: 254-267.

[156] Hillman B, Douglas E M, Terkla D. An analysis of the allocation of Yakima River water in terms of sustainability and economic efficiency. Journal of Environmental Management, 2012, 103: 102-112.

[157] Roozbahani R, Schreider S, Abbasi B. Optimal water allocation through a multi-objective compromise between environmental, social, and economic preferences. Environmental Modelling & Software, 2015, 64: 18-30.

[158] Niayifar A, Perona P. Dynamic water allocation policies improve the global efficiency of storage systems. Advances in Water Resources, 2017, 104: 55-64.

[159] Bangash R F, Passuello A, Hammond M, et al. Water allocation assessment in low flow river under data scarce conditions: a study of hydrological simulation in Mediterranean basin. Science of the Total Environment, 2012, 440: 60-71.

[160] Sapkota M, Arora M, Malano H, et al. Understanding the impact of hybrid water supply systems on wastewater and stormwater flows. Resources, Conservation and Recycling, 2018, 130: 82-94.

[161] Hsien C, Low J S C, Chung S Y, et al. Quality-based water and wastewater classification for waste-to-resource matching. Resources, Conservation and Recycling, 2019, 151: 104477.

[162] Hu X T, Eheart J W. Mechanism for fair allocation of surface water under the riparian doctrine. Journal of Water Resources Planning and Management, 2014, 140 (5): 724-733.

[163] Hu Z N, Wei C T, Yao L M, et al. A multi-objective optimization model with conditional value-at-risk constraints for water allocation equality. Journal of Hydrology, 2016, 542: 330-342.

[164] Zeng X T, Huang G H, Chen H L, et al. A simulation-based water-environment management model for regional sustainability in compound wetland ecosystem under multiple uncertainties. Ecological Modelling, 2016, 334: 60-77.

[165] Chen Y Z, Lu H W, Li J, et al. A leader-follower-interactive method for regional water resources management with considering multiple water demands and eco-environmental constraints. Journal of Hydrology, 2017, 548: 121-134.

[166] Jiang W, Zhang Z, Deng C, et al. Industrial park water system optimization with joint use of water utility sub-system. Resources, Conservation and Recycling, 2019, 147: 119-127.

[167] Porse E C, Sandoval-Solis S, Lane B A. Integrating environmental flows into multi-objective reservoir management for a transboundary, water-scarce river basin: Rio Grande/Bravo. Water Resources Management, 2015, 29 (8): 2471-2484.

[168] Li Y Y, Cui Q, Li C H, et al. An improved multi-objective optimization model for supporting reservoir operation of China's South-to-North Water Diversion Project. Science of the Total Environment, 2017, 575: 970-981.

[169] Ren C F, Guo P, Tan Q, et al. A multi-objective fuzzy programming model for optimal use of irrigation water and land resources under uncertainty in Gansu Province, China. Journal of Cleaner Production, 2017, 164: 85-94.

[170] Gurav J B. Optimal irrigation planning and operation of multi objective reservoir using fuzzy logic. Journal of Water Resource and Protection, 2016, 8 (2): 226-236.

[171] Zhou M, Chen Q, Cai Y L. Optimizing the industrial structure of a watershed in association with economic-environmental consideration: an inexact fuzzy multi-objective programming model. Journal of Cleaner Production, 2013, 42: 116-131.

[172] Dai C, Qin X S, Chen Y, et al. Dealing with equality and benefit for water allocation in a lake watershed: a Gini-coefficient based stochastic optimization approach. Journal of Hydrology, 2018, 561: 322-334.

[173] Gu J J, Guo P, Huang G H. Inexact stochastic dynamic programming method and application to water resources management in Shandong China under uncertainty. Stochastic Environmental Research and Risk Assessment, 2013, 27 (5): 1207-1219.

[174] Xu J P, Li Z M. Multi-objective dynamic construction site layout planning in fuzzy random environment. Automation in Construction, 2012, 27: 155-169.

[175] Huang Y L, Huang G H, Liu D F, et al. Simulation-based inexact chance-constrained nonlinear programming for eutrophication management in the Xiangxi Bay of Three Gorges Reservoir. Journal of Environmental Management, 2012, 108: 54-65.

[176] Ren C F, Li R H, Zhang L D, et al. Multiobjective stochastic fractional goal programming model for water resources optimal allocation among Industries. Journal of Water Resources Planning and Management, 2016, 142 (10): 04016036.

[177] Tan Q, Huang G, Cai Y P, et al. A non-probabilistic programming approach enabling risk-aversion analysis for supporting sustainable watershed development. Journal of Cleaner Production, 2016, 112: 4771-4788.

[178] Xu J P, Tu Y, Zeng Z. Bilevel optimization of regional water resources allocation problem under fuzzy random environment. Journal of Water Resources Planning and Management, 2013, 139 (3): 246-264.

[179] Zhang L, Li C Y. An inexact two-stage water resources allocation model for sustainable development and management under uncertainty. Water Resources Management, 2014, 28 (10): 3161-3178.

[180] Wang S, Huang G H. Identifying optimal water resources allocation strategies through an interactive multi-stage stochastic fuzzy programming approach. Water Resources Management, 2012, 26 (7): 2015-2038.

[181] Geng Q T, Wardlaw R. Application of multi-criterion decision making analysis to integrated water resources management. Water Resources Management, 2013, 27 (8): 3191-3207.

[182] Li M, Guo P. A multi-objective optimal allocation model for irrigation water resources under multiple uncertainties. Applied Mathematical Modelling, 2014, 38 (19-20): 4897-4911.

[183] Chang P C, Hsieh J C, Lin S G. The development of gradual-priority weighting approach for the multi-objective flowshop scheduling problem. International Journal of Production Economics, 2002, 79 (3): 171-183.

[184] Zimmermann H J. Fuzzy sets and expert systems. Fuzzy Set Theory-and Its Applications. Dordrecht: Springer, 1996.

[185] Ang K K, Quek C. Stock trading using RSPOP: a novel rough set-based neuro-fuzzy approach. IEEE Transactions on Neural Networks, 2006, 17 (5): 1301-1315.

[186] Pedroni N, Zio E, Ferrario E, et al. Hierarchical propagation of probabilistic and non-probabilistic uncertainty in the parameters of a risk model. Computers & Structures, 2013, 126: 199-213.

[187] Glick H A, Briggs A H, Polsky D. Quantifying stochastic uncertainty and presenting results of cost-effectiveness analyses. Expert Review of Pharmacoeconomics & Outcomes Research, 2001, 1 (1): 25-36.

[188] Ivanenko V I. Decision Systems and Nonstochastic Randomness. New York : Springer, 2010, 71-107.

[189] Burrows W, Doherty J. Gradient-based model calibration with proxy-model assistance. Journal of Hydrology, 2016, 533: 114-127.

[190] Xu J P, Zhou X Y. Fuzzy-like multiple objective decision making. Berlin: Springer, 2011,

57-133.

[191] Salman A Z, Al-Karablieh E K, Fisher F M. An inter-seasonal agricultural water allocation system (SAWAS). Agricultural Systems, 2001, 68 (3): 233-252.

[192] Chen Z S, Wang H M, Qi X T. Pricing and water resource allocation scheme for the South-to-North water diversion project in China. Water Resources Management, 2013, 27 (5): 1457-1472.

[193] Heilpern S. The expected value of a fuzzy number. Fuzzy Sets and Systems, 1992, 47 (1): 81-86.

[194] Charnes A, Cooper W W. Chance-constrained programming. Management Science, 1959, 6 (1): 73-79.

[195] Neri A C, Dupin P, Sanchez L E. A pressure-state-response approach to cumulative impact assessment. Journal of Cleaner Production, 2016, 126: 288-298.

[196] Wolfslehner B, Vacik H. Evaluating sustainable forest management strategies with the Analytic Network Process in a Pressure-State-Response framework. Journal of Environmental Management, 2008, 88 (1): 1-10.

[197] Ou C H, Liu W H. Developing a sustainable indicator system based on the pressure-state-response framework for local fisheries: a case study of Gungliau, Taiwan. Ocean & Coastal Management, 2010, 53 (5/6): 289-300.

[198] Chen H M, Li Q. Assessment and analysis on the water resource vulnerability in arid zone based on the PSR model. Advanced Materials Research, 2014, 955-959: 3757-3760.

[199] Wang X, Cui Q, Li S Y. An optimal water allocation model based on water resources security assessment and its application in Zhangjiakou Region, northern China. Resources, Conservation and Recycling, 2012, 69: 57-65.

[200] Yu L P, Chen Y Q, Pan Y T, et al. Research on the evaluation of academic journals based on structural equation modeling. Journal of Informetrics, 2009, 3 (4): 304-311.

[201] Srinivasan V, Shocker A D. Linear programming techniques for multidimensional analysis of preferences. Psychometrika, 1973, 38 (3): 337-369.

[202] Shannon C E. A mathematical theory of communication. The Bell System Technical Journal, 1948, 27 (4): 623-656.

[203] Tamiz M, Jones D, Romero C. Goal programming for decision making: an overview of the current state-of-the-art. European Journal of Operational Research, 1998, 111 (3): 569-581.

[204] 彭程, 钱钢粮. 21 世纪中国水电发展前景展望. 水力发电, 2006, 32 (2): 6-10, 16.

[205] 周世春, 周晓蔚. 中国水电可持续发展实践. 水力发电学报, 2012, 31 (6): 1-6.

[206] Vezza P, Parasiewicz P, Calles O, et al. Modelling habitat requirements of bullhead (Cottus gobio) in Alpine streams. Aquatic Sciences, 2014, 76 (1): 1-15.

[207] Kumar D, Katoch S S. Sustainability assessment and ranking of run of the river (RoR) hydropower projects using analytical hierarchy process (AHP): a study from Western Himalayan region of India. Journal of Mountain Science, 2015, 12 (5): 1315-1333.

[208] World Commission on Environment and Development (WCED). Our common future: The

world commission on environment and development. New York: Oxford University Press, 1987.

[209] Hayashi T, ven Ierland E C, Zhu X Q. A holistic sustainability assessment tool for bioenergy using the global bioenergy partnership (GBEP) sustainability indicators. Biomass and Bioenergy, 2014, 66: 70-80.

[210] Boritz J E, Accountants C. Approaches to dealing with risk and uncertainty. Toronto: CICA, 1990.

[211] Anderson D R. The critical importance of sustainability risk management. Risk Management, 2006, 53 (4): 66-74.

[212] Tilt B, Schmitt E. The integrative dam assessment model: reflections from an anthropological perspective. Practicing Anthropology, 2013, 35 (1): 4-7.

[213] Tullos D D, Foster-Moore E, Magee D, et al. Biophysical, socioeconomic, and geopolitical vulnerabilities to hydropower development on the Nu River, China. Ecology and Society, 2013, 18 (3): 16.

[214] Liden R. The hydropower sustainability assessment protocol for use by World Bank clients: lessons learned and recommendations. Iwmi Working Papers, 2014.

[215] 安雪晖, 柳春娜, 黄真理. 长江流域水电开发可持续性评价体系. 中国发展, 2015, 15 (2): 7-13.

[216] Kumar D, Katoch S S. Sustainability indicators for run of the river (RoR) hydropower projects in hydro rich regions of India. Renewable and Sustainable Energy Reviews, 2014, 35: 101-108.

[217] Morimoto R. Incorporating socio-environmental considerations into project assessment models using multi-criteria analysis: a case study of Sri Lankan hydropower projects. Energy Policy, 2013, 59: 643-653.

[218] Singh R P, Nachtnebel H P. Analytical hierarchy process (AHP) application for reinforcement of hydropower strategy in Nepal. Renewable and Sustainable Energy Reviews, 2016, 55: 43-58.

[219] Kucukali S. Risk assessment of river-type hydropower plants using fuzzy logic approach. Energy Policy, 2011, 39 (10): 6683-6688.

[220] Ji Y, Huang G H, Sun W. Risk assessment of hydropower stations through an integrated fuzzy entropy-weight multiple criteria decision making method: a case study of the Xiangxi River. Expert Systems with Applications, 2015, 42 (12): 5380-5389.

[221] Zhang S F, Liu S Y. A GRA-based intuitionistic fuzzy multi-criteria group decision making method for personnel selection. Expert Systems with Applications, 2011, 38 (9): 11401-11405.

[222] Qin Q D, Liang F Q, Li L, et al. A TODIM-based multi-criteria group decision making with triangular intuitionistic fuzzy numbers. Applied Soft Computing, 2017, 55: 93-107.

[223] Liang C Y, Zhao S P, Zhang J L. Multi-criteria group decision making method based on generalized intuitionistic trapezoidal fuzzy prioritized aggregation operators. International Journal of Machine Learning and Cybernetics, 2017, 8 (2): 597-610.

[224] Vahdani B, Mousavi S M, Hashemi H, et al. A new compromise solution method for fuzzy group decision-making problems with an application to the contractor selection. Engineering Applications of Artificial Intelligence, 2013, 26 (2): 779-788.

[225] Cernea M M. Social impacts and social risks in hydropower programs: preemptive planning and counter-risk measures. Proceedings of the Keynote Address: Session on Social Aspects of Hydropower Development United Nations Symposium on Hydropower and Sustainable Development, Beijing, China, 2004.

[226] Liu B D, Liu Y K. Expected value of fuzzy variable and fuzzy expected value models. IEEE Transactions on Fuzzy Systems, 2002, 10（4）: 445-450.

[227] Henriques C O, Antunes C H. Interactions of economic growth, energy consumption and the environment in the context of the crisis–a study with uncertain data. Energy, 2012, 48（1）: 415-422.

[228] Illingworth V. The penguin dictionary of physics. Penguin Books, 1991.

[229] Xu X H, Chen X H. Research on the group clustering method based on vector space. Systems Engineering and Electronics, 2005,（6）: 1034-1037.

[230] 徐选华, 曹静. 大型水电工程复杂生态环境风险评价. 系统工程理论与实践, 2012, 32（10）: 2237-2246.

[231] 李翅, 马鑫雨, 夏晴. 国内外韧性城市的研究对黄河滩区空间规划的启示. 城市发展研究, 2020, 27（2）: 54-61.

[232] 徐江, 邵亦文. 韧性城市: 应对城市危机的新思路. 国际城市规划, 2015, 30（2）: 1-3.

[233] Emergency Events Database（EM-DAT）. The International Disaster Database. https://www.emdat.be/[2018-12-20]

[234] Ogie R I, Holderness T, Dunn S, et al. Assessing the vulnerability of hydrological infrastructure to flood damage in coastal cities of developing nations. Computers, Environment and Urban Systems, 2018, 68: 97-109.

[235] Oladokun V O, Proverbs D G, Lamond J. Measuring flood resilience: a fuzzy logic approach. International Journal of Building Pathology and Adaptation, 2017, 35（5）: 470-487.

[236] Liao K H. A theory on urban resilience to floods—a basis for alternative planning practices. Ecology and Society, 2012, 17（4）: 48.

[237] United Nations Office for Disaster Risk Reduction. Sendai Framework for Disaster Risk Reduction 2015, 2015.

[238] Johnson C, Blackburn S. Advocacy for urban resilience: UNISDR's making cities resilient campaign. Environment and Urbanization, 2014, 26（1）: 29-52.

[239] Rodriguez-Nikl T. Linking disaster resilience and sustainability. Civil Engineering and Environmental Systems, 2015, 32（1/2）: 157-169.

[240] Holling C S. Surprise for science, resilience for ecosystems, and incentives for people. Ecological Applications, 1996, 6（3）: 733-735.

[241] Casal-Campos A, Sadr S M K, FU G T, et al. Reliable, resilient and sustainable urban drainage systems: an analysis of robustness under deep uncertainty. Environmental Science and Technology, 2018, 52（16）: 9008-9021.

[242] Mei C, Liu J H, Wang H, et al. Integrated assessments of green infrastructure for flood mitigation to support robust decision-making for sponge city construction in an urbanized

watershed. Science of the Total Environment, 2018, 639: 1394-1407.

[243] Espada R, Apan A, Mcdougall K. Vulnerability assessment of urban community and critical infrastructures for integrated flood risk management and climate adaptation strategies. International Journal of Disaster Resilience in the Built Environment, 2017, 8（4）: 375-411.

[244] Hosseini S, Barker K, Ramirez-Marquez J E. A review of definitions and measures of system resilience. Reliability Engineering & System Safety, 2016, 145: 47-61.

[245] Cai H, Lam N S N, Zou L, et al. Modeling the dynamics of community resilience to coastal hazards using a Bayesian network. Annals of the American Association of Geographers, 2018, 108（5）: 1260-1279.

[246] Wu C L, Chiang Y C. A geodesign framework procedure for developing flood resilient city. Habitat International, 2018, 75: 78-89.

[247] Zahmatkesh Z, Karamouz M. An uncertainty-based framework to quantifying climate change impacts on coastal flood vulnerability: case study of New York City. Environmental Monitoring and Assessment, 2017, 189（11）: 1-20.

[248] Su H T, Cheung S H, Lo E Y M. Multi-objective optimal design for flood risk management with resilience objectives. Stochastic Environmental Research and Risk Assessment, 2018, 32（4）: 1147-1162.

[249] Yazdi J. Rehabilitation of urban drainage systems using a resilience-based approach. Water Resources Management, 2018, 32（2）: 721-734.

[250] Sajjad M, Li Y F, Tang Z H, et al. Assessing hazard vulnerability, habitat conservation, and restoration for the enhancement of Mainland China's coastal resilience. Earth's Future, 2018, 6（3）: 326-338.

[251] Li Z M, Zhang X X, Ma Y F, et al. A multi-criteria decision making method for urban flood resilience evaluation with hybrid uncertainties. International Journal of Disaster Risk Reduction, 36（C）, 101140.

[252] Borujeni M P, Gitinavard H. Evaluating the sustainable mining contractor selection problems: an imprecise last aggregation preference selection index method. Journal of Sustainable Mining, 2017, 16（4）: 207-218.

[253] Rodriguez R M, Martinez L, Herrera F. Hesitant fuzzy linguistic term sets for decision making. IEEE Transactions on Fuzzy Systems, 2011, 20（1）: 109-119.

[254] Marchese D, Reynolds E, Bates M E, et al. Resilience and sustainability: similarities and differences in environmental management applications. Science of the Total Environment, 2018, 613-614: 1275-1283.

[255] Elmqvist T. Development: sustainability and resilience differ. Nature, 2017, 546（7658）: 352.

[256] Zanuttigh B, Simcic D, Bagli S, et al. THESEUS decision support system for coastal risk management. Coastal Engineering, 2014, 87: 218-239.

[257] Lin K H E, Lee H C, Lin T H. How does resilience matter? An empirical verification of the relationships between resilience and vulnerability. Natural Hazards, 2017, 88（2）: 1229-1250.

[258] Malilay J, Heumann M, Perrotta D, et al. The role of applied epidemiology methods in the

disaster management cycle. American Journal of Public Health, 2014, 104 (11): 2092-2102.

[259] Liao H C, Wu X L, Liang X D, et al. A new hesitant fuzzy linguistic ORESTE method for hybrid multicriteria decision making. IEEE Transactions on Fuzzy Systems, 2018, 26 (6): 3793-3807.

[260] Song K, You S, Chon J. Simulation modeling for a resilience improvement plan for natural disasters in a coastal area. Environmental Pollution, 2018, 242: 1970-1980.

[261] Thieken A H, Müller M, Kreibich H, et al. Flood damage and influencing factors: new insights from the August 2002 flood in Germany. Water Resources Research, 2005, 41 (12), W12430.

[262] Xiao Y, Drucker J. Does economic diversity enhance regional disaster resilience?. Journal of the American Planning Association, 2013, 79 (2): 148-160.

[263] Farley J M, Suraweera I, Perera W L S P, et al. Evaluation of flood preparedness in government healthcare facilities in Eastern Province, Sri Lanka. Global Health Action, 2017, 10 (1): 1331539.

[264] Li Z M, Zhang Q, Liao H C. Efficient-equitable-ecological evaluation of regional water resource coordination considering both visible and virtual water. Omega, 2019, 83: 223-235.

[265] Batica J. Methodology for flood resilience assessment in urban environments and mitigation strategy development. Université Nice Sophia Antipolis, 2015.

[266] Tauhid F A, Zawani H. Mitigating climate change related floods in urban poor areas: green infrastructure approach. Journal of Regional and City Planning, 2018, 29 (2): 98-112.

[267] The Rockefeller Foundation. City Resilience Framework. ARUP Group Ltd, 2015.

[268] Ren Z L, Xu Z S, Wang H. Dual hesitant fuzzy VIKOR method for multi-criteria group decision making based on fuzzy measure and new comparison method. Information Sciences, 2017, 388-389: 1-16.

[269] Liao H C, Xu Z S. A VIKOR-based method for hesitant fuzzy multi-criteria decision making. Fuzzy Optimization and Decision Making, 2013, 12 (4): 373-392.

[270] Opricovic S. Fuzzy VIKOR with an application to water resources planning. Expert Systems with Applications, 2011, 38 (10): 12983-12990.

[271] Sahu A K, Datta S, Mahapatra S. Evaluation and selection of resilient suppliers in fuzzy environment: exploration of fuzzy-VIKOR. Benchmarking: an International Journal, 2016, 23 (3): 651-673.

[272] Gitinavard H, Pishvaee M S, Jalalvand F. A hierarchical multi-criteria group decision-making method based on TOPSIS and hesitant fuzzy information. International Journal of Applied Decision Sciences, 2017, 10 (3): 213-232.

[273] Gitinavard H, Mousavi S M, Vahdani B. A new multi-criteria weighting and ranking model for group decision-making analysis based on interval-valued hesitant fuzzy sets to selection problems. Neural Computing and Applications, 2016, 27 (6): 1593-1605.

[274] Chang C L. A modified VIKOR method for multiple criteria analysis. Environmental Monitoring and Assessment, 2010, 168: 339-344.

[275] Yeh I C. Construction-site layout using annealed neural network. Journal of Computing in Civil

Engineering, 1995, 9（3）: 201-208.

[276] Turskis Z, Zavadskas E K, Peldschus F. Multi-criteria optimization system for decision making in construction design and management. Inzinerine Ekonomika Engineering Economics, 2009, 61（1）: 7-17.

[277] Cheung S O, Tong T K L, Tam C M. Site pre-cast yard layout arrangement through genetic algorithms. Automation in Construction, 2002, 11（1）: 35-46.

[278] Ning X, Lam K C, Lam M C K. Dynamic construction site layout planning using max-min ant system. Automation in Construction, 2010, 19（1）: 55-65.

[279] Ning X, Lam K C, Lam M C K. A decision-making system for construction site layout planning. Automation in Construction, 2011, 20（4）: 459-473.

[280] Ning X, Wang L G. Construction site layout evaluation by intuitionistic fuzzy TOPSIS model. Applied Mechanics and Materials, 2011, 71-78: 583-588.

[281] Mawdesley M J, Al-Jibouri S H. Proposed genetic algorithms for construction site layout. Engineering Applications of Artificial Intelligence, 2003, 16（5-6）: 501-509.

[282] Zhang H, Wang J Y. Particle swarm optimization for construction site unequal-area layout. Journal of Construction Engineering and Management, 2008, 134（9）: 739-748.

[283] Gangolells M, Casals M, Forcada N, et al. Mitigating construction safety risks using prevention through design. Journal of Safety Research, 2010, 41（2）: 107-122.

[284] Xu J P, Li Z M. Multi-objective dynamic construction site layout planning in fuzzy random environment. Automation in Construction, 2012, 27: 155-169.